做一个
有风骨的女子

微阳 / 编著

吉林文史出版社
JILIN WENSHI CHUBANSHE

图书在版编目（CIP）数据

做一个有风骨的女子 / 微阳编著 . ‐‐ 长春 : 吉林文史出版社 , 2018.10（2019.8重印）

ISBN 978‐7‐5472‐5522‐3

Ⅰ . ①做… Ⅱ . ①微… Ⅲ . ①女性－成功心理－通俗读物 Ⅳ . ①B848.4‐49

中国版本图书馆 CIP 数据核字（2018）第 230681 号

做一个有风骨的女子

出 版 人　孙建军

编　　著　微阳

责任编辑　陈春燕　赵　艺

封面设计　韩立强

图片提供　www.quanjing.com

出版发行　吉林文史出版社有限责任公司

地　　址　长春市人民大街4646号

网　　址　www.jlws.com.cn

印　　刷　天津海德伟业印务有限公司

开　　本　880mm×1230mm　　1/32

印　　张　6

字　　数　125千

版　　次　2018年10月第1版　2019年8月第2次印刷

定　　价　32.00元

书　　号　978‐7‐5472‐5522‐3

前 言
PREFACE

　　女人不一定要美丽，但一定要有风骨。对一个女人而言，气质的价值远远胜于外表的美丽。外表的魅力就如同昙花一现般稍纵即逝。然而风骨却是伴随女人一生的资本。20世纪最有影响的女性之一、法国存在主义作家西蒙娜·波伏娃曾说过一句让女人自豪的话："我们不是生为女人，而是要做女人。"而我们不但要做一个女人，还要做一个有风骨的女人。因为这样的女人才能有好命，才能成为成功和幸福的垂青者。风骨是女人的护身符，它是比美丽更有价值的东西。女人的美丽会因岁月的漂洗而褪色，而女人的风骨却会因岁月的淘洗而使其放出耀眼的光华。索菲亚·罗兰说："美丽使你引起别人的注意，而睿智使你得到别人的赏识。"女人要想生活得更幸福，仅有漂亮的外表是不够的，还需要有聪明的头脑，更重要的是，要有风骨。一个看似无所谓的决定，会如蝴蝶效应般影响你的一生。

　　风骨是女人的幸福禅，也是女人成熟的标志。光阴荏苒，有些女人只是徒长了年岁，却憔悴了心灵。于她们而言，时光是多么的面目可憎，剥夺了美丽容颜，使生活变得寡淡无味。柴米油盐的乏味、家长里短的琐碎、工作的不尽如人意，沉重的负担压得她们喘不过气来，抱怨、烦恼成了她们生活的主旋律。但她们有所不知，还有一些女人同样历经岁月，却褪去青涩浮躁，变得淡定从容有风骨。淡定女人的美由内而外地渗透，让人不禁心生亲近之心。

花朵会因淡雅而更显得娇艳，而女人也会因有风骨的内心显得更加美丽。有风骨的女人或许不会成为众人瞩目的焦点，但却从来不会被人遗忘；有风骨的女人或许不会轰轰烈烈，但却可以享受细水长流的悠远绵长；有风骨的女人或许不会妖媚妖娆，但却可以智慧儒雅；有风骨的女人或许不会得到人们心目中认定的幸福，但却可以远离悲剧。

风骨是女人最"昂贵"的彩妆，也是最"华丽"的衣裳。如果你天生丽质，那么风骨会点缀你的美丽，使你的魅力得到升华；如果你相貌平平，风骨可以让你修炼出超凡脱俗的气质，从而使你变得楚楚动人。一个女人只要有风骨，无论她的外貌多么平凡，也会呈现出流光溢彩的美丽。因为风骨可以变成一种人格魅力，深深地吸引周围的人、感染周围的人，让周围的人也快乐起来。

风骨是女人永恒的化妆品，动人的容颜无法抗拒岁月的印痕，唯有风骨，如陈年佳酿般随着人们自身修养的完善和自我价值的提升，体现出无与伦比的恒久魅力。永远散发着迷人的芳香。

目录
CONTENTS

第三章　即使命运让你遍体鳞伤，你也要从伤口长出翅膀

第四章　把容颜作为招牌，无限风情尽自来

第一章
自信源于底气，
傲气需要实力

zuoyige
youfenggu
denvzi

个人魅力是你走向成功的"法宝"

松下电器的创始人松下幸之助就是一个颇具人格魅力的管理者。20世纪20年代末，日本经济很不景气，也影响到松下电器。很多企业都纷纷卷入裁员减薪的浪潮中，可松下既不裁员也不减薪，却毅然减产。这种正直负责的态度和宏伟的气概感染了员工，从而在公司内部自发形成一支促销大军，不久就实现了销空库存、全员生产的局面。

拿破仑·希尔指出："有魅力的人，人人都爱和他交朋友。和有魅力的人相处总是愉快的，他好像雨天的太阳，能驱除昏暗；人人都乐于为他做事，他也能一个人做别人连做梦都想不到的事。一个人能否成功与他的个人魅力有密切的关系，那些能够成功地创造财富的人往往拥有能招财进宝的个性。良好的个人魅力是一种神奇的天赋，就连最冷酷无情的人都能受到他的感染。"

的确，你看见某些人，无论他的职位如何，不管他站在哪里，他总能吸引一群人围绕在他的周围，不管他的头衔是什么，总是不由得令人肃然起敬，渴望结交、认识他。为什么会这样呢？就是因为他具有能够鹤立鸡群的特质——独特的个人魅力。

通常会遇到这样的情况：一个人可以毫不费力、轻而易举地得到某个职位，而另一个人，虽然可能更优秀、更有才能，但费了九牛二虎之力依旧是徒劳无功。这是为什么呢？显然，有魅力的人格是成功的关键。

个人魅力最引人注目的优点是它能够让你更具吸引力。当人们认为你这个人很有魅力时，他们更有可能采取你所建议的行动步骤。

人格魅力常常不反映在大事上，而是反映在很少有人会注意的细节上。面对一个极好的职位，许多人总是对其所要求的条件感到惊愕，因为这些条件，往往是他们从未想过的品质和性格，例如，优雅的举止、谦恭的态度、乐观的精神，以及亲切且乐于助人的性格等。

有出色的才能，但是却缺乏吸引他人注意的魅力，这样的人是如此之多，以至于我们常常听到老板们说，他们决定不聘用某某应聘者，因为他举止欠佳，或者因为他没有风度。没有什么可以替代个人魅力和优雅迷人的风度。尽管大多数人认为，人的风度是与生俱来的，但事实上是可以后天获得的，只不过你要为此承受烦恼和痛苦，就像要成就任何有价值的事业，你要有所付出一样。

可见，一个人的个人魅力对他的成功是十分重要的。打造个人魅力是一种长期的行为，是一个人终其一生都要面对的问题。所以，我们在日常生活和工作中不要忽略自己个人魅力的提升，当你拥有卓尔不群的个人魅力，你的形象更加良好时，你的人生才会更加完美。

自信心有多大，舞台就有多大

2001 年 5 月 20 日，美国一位名叫乔治·赫伯特的推销员成功地把一把斧子推销给小布什总统。他所在的布鲁金斯学会得知这一消息，把刻有"最伟大推销员"的一只金靴赠与他。这是自 1975 年以来，该学会一名学员成功地把一台微型录音机卖给尼克松后，又一学员跨过如此高的门槛。

布鲁金斯学会以培养世界上最杰出的推销员闻名于世。它有一个传统，在每期学员毕业时，设计一道最能体现推销员能力的实习题，让学员去完成。克林顿当政期间，他们出了这么一题目：把一条三角裤推销给现任总统。8 年间，有无数个学员为此绞尽脑汁，可是，最后都无功而返。克林顿卸任后，布鲁金斯学会把题目换成：请把一把斧子推销给小布什总统。鉴于前 8 年的失败，许多学员放弃了争夺金靴奖，个别学员甚至认为，这道毕业实习题会和克林顿当政期间一样毫无结果，因为现在的总统什么都不缺，再说即使缺少，也用不着他们亲自购买。

然而，乔治·赫伯特做到了，并且没有花多少工夫。一位记者采访他时，他说："我认为，把一把斧子推销给小布什总统是完全可能的，因为布什总统在得克萨斯州有一个农场，里面长着许多树。于是我给他写了一封信，说：有一次，我有幸参观您的农场，发现里面长着许多大树，有些已经死掉，木质已变得松软。我想，您一定需要一把小斧头，但是从您现在的体质来看，这种小斧头显然太轻，因此您仍然需要一把不甚锋利的老斧头。现在我这儿正好有一把这样的斧头，很适合砍伐枯树。假如您有兴趣的话，请按这封信所留的信箱，给予回复……最后他就给我汇来了 15 美元。"

在乔治·赫伯特成功之前，谁也不相信他能将一把斧头卖给总统。有些人之所以不能成功，是因为他们在尝试之前就给自己预设了一种可能：这件事情绝不可能成功！就这样，失败的念头抢占了他们脑海中的高地，堵塞了努力的道路。而满怀信心的人永远相信，如果想要追求梦想，首先要有自信。因为自信的人知道，没有想不到的，只有做不到的，自信心有多大，你的舞台就有多大！

自信是什么，自信就是相信自己，相信自己能够完成自己想做的事，从来不会轻易放弃。自信能够最大限度地影响我们的生活，如果你自己相信自己是一个能力不凡的人，那么你就是个不平凡的人。

自信心代表着一个人在事业中的精神状态和把握工作的热情，以及对自己能力的正确认知。只有怀着必胜的信心，我们工作起来才能充满热情，干劲十足，无所畏惧地勇往直前。在这个过程中，我们难免会碰到一些小麻烦、小挫折，但这些都将成为我们走向成功的垫脚石、助推器。决心就是力量，自信就是成功，拥有必胜信念的人有着强大的正面气场，永远比别人更容易走向成功。

打造自己的外形

"看起来像个成功者"能够让你感受成功者的自信；激励自己走向成功，像成功者那样行事。因而，当成功的机会到来时，你就是成功者！

成功外形是一个人无形的资产，"看起来像个成功者和领导者"，那么幸运的大门会为你敞开，让你脱颖而出。对外进行商务交往时，由于你"像个成功的人"，人们可能愿意相信你的公司也是成功的，因而愿意与你的公司进行交易。

为了取得成功，你必须在脑中"看"到你正在取得成功的形象。在脑中显现你充满自信地投身一项困难的挑战的形象。这种积极的自我形象反复在心中呈现，就会成为潜意识的一个组成部分，从而引导我们走向成功。

努力在外表上塑造"像个成功人士"的例子数不胜数，因为他们深刻理解"看起来像个成功者"的形象对事业有多大的促进作用。

在20世纪70年代末上大学时，一位企业老总就有着强烈的"领导意识"。他认为伟人具有散发着魅力的外形和举止，他开始模仿我国某位伟人的举止和仪态，通过练习腹腔发声，他把自己原本并没有权威感的脆弱音质改为具有磁性魅力的浑厚的男低音。在1995年他又有了国际领导人的新意识，他请了形象设计师，为自己设计具有国际标准的世界巨商的形象。他完全接受国际化的商业形象理念。无论是西装还是休闲服，他只穿能够衬托一个领导宏伟气派的高质量、有品位的服装，他还不放过每一个细节。如今，无论在外观、口音、思想意识上，他都更像一位来自华尔街的金融家。

人们都希望成功能够早一点到来，而树立良好的形象就是其中的方法之一。在成功之前我们就要树立一个成功者的形象，因为成功的形象会吸引成功。

增强吸引力，一出场就有气场

我们与人相处，有些人虽然话不多，但我们却喜欢和他待在一起，因为他能让你感到轻松愉快；有的人逢人便滔滔不绝，夸夸其谈，不但不让我们喜欢，反而令我们十分讨厌，总想与之拉开一段距离。出现这些不同情况的原因是什么呢？

主要就是人的吸引力和气场的问题。

有时我们确实感觉得到，有一种人无论出现在哪儿，都能立即成为众人瞩目的焦点，即使他们不言语，就那么站着或坐着，也带给人一种特别的感觉和深刻的印象，甚至还能令人毫无保留地对他产生信任感。

气场与外貌漂亮与否并没有什么关系，关键是看你能否通过你的面部表情、形体动作、语言等展示你迷人的个性气质。真正能打动人的是气质，而不是外貌。

每一个人都具有一种理想的自我形象，这就是心理学上所说的"理想的自己"。"理想的自己"往往被赋予很高的价值。尽管这些人来自于不同地方，成长在不同环境，各自具有不同的自我形象，但他们的"理想的自己"也许具有一些共同点，如丰富的情感、敏捷的思维、幽默的语言，等等，而且都希望给对方留下亲切善良、聪慧正直、才学渊博的印象。所有这些，都要求自然而不做作，随和而又机敏，由此所透露出来的权威感，会产生一种无形的气场，一点一滴地注入对方的心田，在他们的心里产生连锁反应，使对方在不知不觉中被吸引、被征服。因此，思想、行动与感情构成了气场的三大基石，所以若要从具体的方面来改变你的气场，增强个人的吸引力，你应该在思想、行动与感情方面进行努力。

你的外在表现，也就是你气场的特征，主要不是由当时当地的环境决定的，而是由你的内在创造的。你能否改变自己也主要不是由于别人是否对你进行了批评，而是你自己本身是否想改变自己。所以是你的思想创造了你本身，使你成为今天这个样子的。可能你没有意识到，但你仔细想想，是不是你怎么想就决定了你的性格？你为什么不被人喜欢呢？大概是你的想法不受欢迎。你为什么气场四射呢？首先是你的想法，其次才是你其他条件的配合，使你引起了人们的普遍关注。有的人之所以无法成功，是因为他的想法使他难以成功。

别人通过你的行动——你的说话方式、你的做事方式、你的脸部表情——才能给你一个评判，才能使他们心中形成一个印象。行动是造就气场的关键，还因为只有通过行动你才能改善自身。通过很多小的行动、通过人格的训练、通过对自我行为的反思与调整，你就可以创造新的自我，使你自己变得更富有魅力。

人们通过你的外在表现、你的行动与思想，对你产生了喜欢，如果你的感情特征是积极的、友善的、温和的、宽容的，那么别人就会很喜欢你、赞赏你，因此你往往气场大增；反之你就会成为一个没有气场的人。

所以，如果你拥有令人愉悦的个性，你往往会使自己的气场大增。并非所有的性格都是令人愉悦的，有很多性格令大部分人感到没有气场。比如人们一般不喜欢消极的、极端化的性格特征，人们对报复性的、敌意的性格特征更是感到厌恶，一般人们都喜欢富有热情的、积极向上的、友善的、亲切温和的、宽容大度的、富有感染力的性格。所以，如果你能够培养起为大部分人所喜欢的正面性格，你的气场就大大增加了。

创造出色的个人品牌，你会因此而更加成功

品牌体现价值观也体现影响力。人人都有价值观，人们正是因为按照自己的价值观才取得成功。只有保持真实的自我，只有恪守自己基本的价值观，才能创造出自己的品牌。

无论对于企业还是个人，成功品牌都是其创造者内在核心的准确、真实的反映。为了以现实赢得信誉（认可、接受、赞许），创造者必须每天积极地体现出品牌的价值观，并在个人和专业"市场"中进行检验，观察他人是否接受这些价值观。归根结底，个人品牌是否出色并可行，要看关系是否已经成形，关系的深度和广度如何。

你需要将自己的价值观融入生活中，塑造品牌要从这里开始，最后也是到这里结束。正如我们强调的，这么做的目的不只是用价值观作为出色的个人品牌的基石，而且还是为了获得信誉，为了让周围的人认可你。如果你没有为自己的价值观树立起

信誉，别人就无法通过你的品牌认识到你为这些价值观付出的努力。周围的人也无法通过观察你与他人的关系，看到这种内在的联系，最终也就无法认识"真正的你"。

你应该给你自己经过奋斗可以成功的机会，将自己放在可以取得成功的位置上，把自己立出注定要遭遇失败的地方（或者必须牺牲价值观才可通过的地方），坚持树立自己的个人品牌，要知道，出色的个人品牌比华而不实的表面形象深刻得多。因为品牌是关系，它们反映影响力。

所以，创造并活出一个出色的个人品牌，这是你能够做的最好的投资。世界需要有影响力的品牌，并且尊重、依靠有影响力的品牌。如果你能够成就一个有影响力的品牌，你会因此更加成功。

与成功者为伍，营造成功气场

1831 年，波兰作曲家肖邦在华沙起义失败后，只身流亡至法国巴黎定居。年轻的肖邦虽然才华出众，却空有大志而无施展之地，为求生计，只得以教书为生，处境甚为落魄。

一个偶然的机会，肖邦结识了大名鼎鼎的匈牙利钢琴家李斯特。两人一见如故，大有相见恨晚之感。当时，李斯特在巴黎上流文艺沙龙中已是闻名遐迩的骄子，可他对默默无闻但才华横溢的肖邦大为赞赏。他想：绝不能让肖邦这个人才埋没，必须帮他赢得观众。

一天，巴黎街头广告登出了钢琴大师李斯特举行个人演奏会的消息，剧场门口人头攒动，门票一售而空。

紫红色的帷幕徐徐拉开，灯光下，风度翩翩的李斯特身着燕尾服朝观众致意。台下掌声雷动，李斯特朝观众行礼后，便转身坐在钢琴前，摆好演奏姿势。灯熄了，剧场内一片寂静，人们屏息静气地闭上眼睛，准备享受美好的音乐声。

琴声响了，时而如高山流水，时而如夜莺啼鸣；时而如诉如泣，时而如歌如舞……观众完全被那美妙的音乐征服了。

演奏结束，人们跳起来，兴奋地高喊："李斯特！李斯特！"可灯一亮，大家傻了。观众看到舞台上坐的根本不是李斯特，而是一位眼中闪着泪花的陌生年轻人，他就是肖邦。

人们大为惊愕！原来，那时有个规矩，演奏钢琴要把剧场的灯熄灭，一片黑暗，以便观众能够聚精会神地听演奏。李斯特便利用这个空子，灯一熄，就让肖邦过来代替自己演奏。

当观众明白刚才的演奏竟出自面前这位年轻人之手后，立即变惊愕为惊喜。

剧场内，掌声四起，鲜花一束束地朝台上"飞去"。

于是，一位伟大的钢琴演奏家便这样为众人所知了。

古希腊哲学家伊壁鸠鲁说过："我们与谁在一起吃饭，比我们吃什么更为重要。"正如《论语·里仁》有云："见贤思齐焉。"

和什么样的人在一起，你就有什么样的气场，你自己的未来或许就是什么样子。因此，想做什么样的人，就要和什么样的人在一起，要想成为一个成功者，就先要学会和成功者在一起。

有一个美国女人叫凯丽，她出生于贫穷的波兰难民家庭，在贫民区长大。她只上过 6 年学，只有小学文化程度，从小就干杂工，命运十分坎坷。

凯丽 13 岁时，看了《全美名人传记大全》后突发奇想，要直接和许多名人交往。她的主要办法是写信，每写一封信都要提出一两个让收信人感兴趣的具体问题。许多名人纷纷给她回信。凡是有名人到她所在的城市来参加活动，她总要想办法与她所仰慕的名人见上一面，只说两三句话，不给人家更多的打扰。就这样，她认识了社会各界的许多名人。

成年后，凯丽经营自己的生意，因为认识很多名流，他们的光顾让她的商店人气很旺。于是，凯丽自己也逐渐成了名人和富翁。

有人说，看一个人是什么样的人，就看他的朋友是什么样的人。确实，我们所交的朋友的水准直接影响到我们自己的水准。与强者为伍，时间长了，我们会有一个成功者的气场。

很多时候，决定一个人身份和地位的并不完全是自身的才能和价值，还有自身所处的环境。如果想有成功者的气场和形象，我们先要努力去和成功人士站在一起。

自抬身价，把自己武装成"绩优股"

有句俗话叫："王婆卖瓜，自卖自夸。"虽然其中蕴涵了一些对自吹自擂者的讽刺意味，但这种自吹在某些情况下还是很有必要的。

社会就如同一个大丛林，有许多机会都是要靠自己去争取的。如果有能力，就应该自告奋勇地去争取那些别人无法完成的任务，千万不要让自己淹没在人群中，或者躲在被人们遗忘的角落里。成功者会让自己闪耀夺目，像磁铁一样吸引各方的注意。

有一匹千里马，身材非常瘦小，它混在众多马匹之中，默默无闻。主人不知道它有与众不同的奔跑能力，它也不屑表现，它坚信伯乐会发现它的过人之处，改变它的命运。

有一天，它真的遇到了伯乐。伯乐径直来到千里马面前，拍了拍马背，要它跑跑看。千里马激动的心情像被泼了盆冷水，它想，真正的伯乐一眼就会相中我，为什么不相信我，还要我跑给他看呢？这个人一定是冒牌的。千里马傲慢地摇了摇头。伯乐感到很奇怪，但时间有限，来不及多作考察，只得失望地离开了。

又过了许多年，千里马还是没有遇到它心中的伯乐。它已经不再年轻，体力越来越差，主人见它没什么用，就把它杀掉了。千里马在死前的一刻还在哀叹，不明白世人为什么要这么对待它。

客观而言，千里马的一生是悲惨的，可以说是"怀才不遇"。它终年混迹于平庸之辈中，普通人不能看出它的不凡之处，伯乐也错过了提拔它的机会。但是谁导致这种悲剧的呢？是它的主人，还是伯乐？都不是。怪只怪千里马自己，假如它当初能够抓住机遇，勇敢地站出来，在伯乐面前不顾一切地奔跑，表现出自己与众不同的优秀品质来，用速度与激情证明自己的实力，恐怕它早就离开那个狭窄的空间，到属于自己的广阔天地尽情施展才能了。

人们过去总说"酒香不怕巷子深"，但事实并非如此。试想，要有多么浓郁的芳香才能从深巷里传入人们的鼻中呢？又有多少人能够静下心来寻找这芳香的源头呢？再香的酒，只怕最终也不过落得个"长在深巷无人识'的结局。许多人常慨叹怀才不遇，却不知道，能力是需要表现出来的，有本事就要发挥出来，不吭声、不动作，谁会知道你胸中的万千丘壑，谁会将你这匹千里马从马群中挑选出来呢？

不少人总是满怀希望地等待着，期待伯乐发现自己，提拔自己。只可惜千里马常有，而伯乐不常有，并不是所有领导、上司都独具慧眼，将机会拱手送上。在你做白日梦的时候，别的千里马，甚至是九百里马、八百里马们早已迎风驰骋，令众人瞩目，获得了充分展示自己的舞台。而默不做声的你，自然只能被淹没在无人问津的平庸者当中。

因此，即便是实力再强的人，也要学会表现自己，要善于表现自己，才能让自己的优势展现于世人面前，才能使自己成为求才若渴的人们心目中的抢手货。

以现代职场为例，默默无闻、埋头苦干的人，往往不一定能够得到重用，要想出头，不仅要拥有雄厚的实力，还要善于表现自己，这样才有机会脱颖而出。

正如卡耐基所言："你应庆幸自己是世上独一无二的，应该把自己的禀赋发挥出来。"

你不服输的形象会打动命运之神

1796 年的一天，德国哥廷根大学，一个很有数学天赋的 19 岁青年吃完晚饭，开始做导师单独布置给他的每天例行的 3 道数学题。

前两道题他在两个小时内就顺利完成了。第三道题写在另一张小字条上：要求只用圆规和一把没有刻度的直尺，画出一个正17 边形。时间一分一秒地过去了，第三道题竟然毫无进展。这位青年绞尽脑汁，但他发现，自己学过的所有数学知识似乎对解开这道题都没有任何帮助。困难激起了他的斗志：我一定要把它做出来！他拿起圆规和直尺，一边思索一边在纸上不停地画着，尝试着用一些超常规的思路去寻求答案。

当窗口露出曙光时，青年长舒了一口气，他终于完成了这道难题。

见到导师时，青年有些内疚和自责。他对导师说："您给我布置的第三道题，我竟然做了整整一个通宵，我辜负了您对我的栽培……"

导师接过学生的作业一看，当即惊呆了。他用颤抖的声音对青年说："这是你自己做出来的吗？"

青年有些疑惑地看着导师，回答道："是我做的。但是，我花了整整一个通宵。"

导师让他坐下，取出圆规和直尺，在书桌上铺开纸。让他当着自己的面再做出一个正 17 边形。青年很快做出了一个正 17 边形。导师激动地对他说："你知不知道，你解开了一桩有 2000 多年历史的数学悬案！阿基米德没有解决，牛顿也没有解决，你竟然一个晚上就解出来了，你是一个真正的天才！"

原来，导师也一直想解开这道难题。那天，他是因为失误，才将写有这道题目的纸条交给了学生。

这个青年就是数学王子高斯。

阿里巴巴的马云曾说："创业者成功要具备 3 大素质：实力、眼光、胸怀，而一次又一次的失败，就是实力。"因此我们不要惧怕失败和挫折，挫折是一个人人格的试金石，在一个人输得只剩下生命时，潜在心灵的力量还有几何？没有勇气，没有不服输的精神，自认挫败的人的答案是零，只有无所畏惧、一往无前、坚持不懈的人，才会在失败中崛起，奏出人生的华章。

世界上有无数人，尽管失去了拥有的全部资产，然而他们并不是失败者，他们依旧有着不可屈服的意志，有着不服输的精神，凭借这种精神，他们依旧能成功。

真正的伟人面对种种成败时从不介意，所谓"不以物喜，不以己悲"。无论遇到多么大的失望，绝不失去镇静，绝不会服输，只有这样的人才能获得最后的胜利。正如温特·菲力所说："失败，是走上更高地位的开始。"

许多人之所以获得最后的胜利，只是受恩于他们的屡败屡战。事实上，只有失败才能给勇敢者以果断和决心。并且，在失败过后，他们用自己不服输的精神，顽强地拼搏和奋斗，终于为自己赢得了成功。这样的人永远给人以自信、不服输的形象，拥有强大的自信气场，也永远不会被打败。

底气十足先赢三分，开口就将对方吸引住

当我们与人打交道时，别人通常会从我们的言谈来判断我们的能力，一个人如果说话畏畏缩缩、细声细气，即使确实有才能，也很难让人相信。而那些自信满满的人，说话办事时底气十足，他们明白自己的优势和劣势，不夸耀自己，也不轻视自己，

这样的人更容易赢得他人的认可和欣赏。

例如在面试的时候，没有人不希望自己能登上理想的职位，但是绝大多数人，在面对考官的时候，缺少必需的自信和说话的底气，因此他们不能打动考官。但是有少部分人真的相信他们会成功，他们抱着"我就要坐上这个位置"的积极态度来进行求职面试，最后，他们终于凭着十足的底气赢得了主考官的青睐。

吉拉德欲步入推销界的时候，曾因多次遭拒绝而感到极端沮丧。

吉拉德重新开始建立信心，他拜访了底特律一家大的汽车经销商，要求获得一份推销工作。推销经理起初很不乐意。

"你曾经推销过车子吗？"经理问道。

"没有。"

"为什么你觉得你能胜任？"

"我推销过其他的东西——报纸、鞋油、房屋、食品，但人们真正买的是我，我推销自己，哈雷先生。"

此时的吉拉德已表现出了足够的信心。

经理笑笑说："现在正是严冬，是销售的淡季，假如我雇用了你，我会受到其他推销员的责难，再说也没有足够的暖气房间给你用。"

"哈雷先生，假如您不雇用我，您将犯下一生最大的错误。我不抢其他推销员的店面生意，我也不要暖气房间，我只要一张桌子和一部电话，两个月内我将打败您最佳推销员的纪录，就这么定了。"

哈雷先生终于同意了吉拉德的请求，在楼上的角落里，给了他一张满是灰尘的桌子和一部电话。就这样，吉拉德开始了他的汽车推销生涯。

吉拉德在求职的谈话中体现了十足的底气，这不可否认地让主考官对他建立起了一种信任感，使他的求职面试成功了一大半。

有的面试过程中，主考官会故意采用一种压力面试，来测验你的抗压能力。所谓压力面试一般是指在面试刚刚开始时，主考官就风向一转，给应试者以意想不到的一击，以此观察应试者的反应。比如，面试官会突然提出一些不甚友好或具有攻击性的问题，这时，如果你能顶住压力，从容不迫，表现出你十足的把握，那你多半都能在面试中获胜。要是遇到问题就发软，说起话来有气无力，谁能相信你并录用你呢？

同样，我们在生活和工作中说话办事也要有底气，在别人面前拿出你的自信。只有信任自己的人，别人才会被你的好形象吸引，才能放心地与你合作。

第二章

孤芳不自赏，
要让所有人看到你的漂亮

孤芳自赏的"冷美人"是交际场上的失败者

有一种说法一直颇为流行，那就是"赞扬能使羸弱的躯体变得强壮，能给恐惧的内心恢复平静和信赖，能让受伤的神经得到休息和力量，能给身处逆境的人以务求成功的决心"。

美国《幸福》杂志研究的结果表明：人际关系的顺畅是成功的关键因素，而赞美别人是交际的最关键课程，因此如果你懂得如何去赞美别人，再加上你聪明的脑袋，还有脚踏实地的精神，就等于事业成功了一半。一个只会孤芳自赏的"冷美人"是不可能在交际场上获得成功的，可以说，学会赞美他人是女人获得交际成功的第一步。

在特定场合，女性本身认为自己打扮得很漂亮。这时你的夸赞就可以大胆一些，以表达自己的赞赏之情。比如在舞场上，这是找到舞伴的重要技巧。

一天，小何去参加舞会时没有带舞伴。当他看见旁边坐着一位身穿长裙的女士时，他决定请她跳舞。他走近这位女士，夸赞道："小姐，您今晚的一袭长裙配上舞场的灯光，简直就是仙女下凡，真是太迷人了！要不是您穿在身上，我真不知道这座城市的某家商场里居然有这样漂亮的长裙在卖！我已经静静地欣赏了您好久，终于忍不住过来邀请您跳一支舞，你不会拒绝一个崇拜者吧！"这位女士笑了，答应了小何的要求。

真诚的、发自内心的赞美可以优化你的人际关系。赞美从一定意义上讲，是一种有效的感情投资，当然，有付出就会有回报。对于领导的赞美，能使领导心情愉悦，对你越发重视；对于同事的赞美，能够联络感情，增强团队精神，在合作中更加愉快；对于下属的赞美，能使你赢得下属的敬重，激发下属的工作热情和创造精神，从而更好地协助自己在事业上的发展；对自己生意伙伴的赞美则会赢得更多的合作机会，从而获取更多的利润。如果你是一个商人，学会赞美你的顾客，则会拥有更多回头的顾客。

一位精明的裁缝往往会说："太太真是好眼光，这是我们这里最新潮的款式，穿在太太身上，太太一定会更加漂亮。"几句话，这位太太肯定眉开眼笑，马上开包拿钱。

美国的商界奇才鲍罗齐就曾说过："赞美你的顾客比赞美你的商品更重要，因为让你的顾客高兴你就成功了一半。"

赞美他人，是女人在处理人际关系中的一种技巧，学会赞美他人的女人用口才去推广自己的影响力，在无形中增添自己的魅力，使别人更乐于接纳自己。所以赞美他人的女人会使自己变得越来越美丽。

赞美对于你的家人、朋友同样重要，俗话说："家和万事兴。"

家庭和睦，则万事兴旺。作为父母，适当地赞美自己的孩子，可以使孩子更具有自尊心和自信心，可以沟通家长与孩子的感情。另外，朋友之间适当的赞美也是必不可少的。

赞美可以让女人获得更和谐、更亲密、更甜蜜的亲情、友情和爱情。一个懂得在适当的场合赞美他人的女人，一定是充满魅力的女人，并处处受欢迎。真诚的赞美是衡量女人影响力的一个标准，也是衡量她们交际水平的标准，有助于女人影响力的提高。如果一个女人学会了赞美别人，她就拥有了开启和谐人际关系之门的钥匙。

借助高质量朋友提升自己

有人说，要判断一个人是怎样的人，只需看他身边的朋友。所谓"近朱者赤，近墨者黑"，真正能做到出淤泥而不染的那是人中圣贤。朋友之间的价值观念、性格气质都会相互影响，聪明的女人要适当地提高自己的交友水准，要懂得借助高质量的朋友圈提升自己的素质修养。想一想，你和童年的小伙伴在一起，学到的是不是也只是怎么玩"跳房子"的游戏？你和中学的好伙伴学到的是不是也只是一些学习上的小技巧？你和大学的好友学到的是不是只是最近哪个商场又在打折了？这样想来，如果你认识和来往的都是这些朋友，你会知道现在哪个行业最有发展前景吗？你会知道怎样投资才最能赚钱吗？你会知道女人应该找一个什么样的另一半才是最大的幸福吗？

相同的精神追求，才能让你们找到共同语言。只有拥有同样的人生信仰，你们才能彼此发现、彼此懂得、彼此珍惜。所以，是时候提高你的交友水准了。只有在更高一层的精神领域里，你才能遇到可以引领你生活的星探。

有两个毕业一年的同寝室的两个女人在对话。她们中一个光艳照人、谈吐不凡，另一个却愁眉苦脸、未老先衰。第一个女人感慨道："我认识的人都好强，他们才刚刚毕业几年，就买房的买房，买车的买车。我从他们身上学到了好多东西。我感觉现在生活很充实，需要我去实现的梦想也很多。"第二个女人却苦笑着说："我认识的人都不如我，好多都是咱们以前的同学，大家过得差不多。我现在感觉生活就这样了，也没有什么追求。"

是什么导致两个曾经同寝室的姐妹人生观这样不同呢？那就是她们的朋友圈不同，朋友的质量不同。一个女人的朋友都比自己成功，她在自己朋友的身上学到很多东西，也拥有了很多积极的心态，所以她就会冲着成功的方向努力。而另外一个女人，处在和自己一个水平，甚至还不如自己的朋友圈里，时间一长，她认为大家的生活状态都是这样的，所以也就不思进取了。

提高自己的交友水准，可以让你找到自身的不足，促使你学习朋友身上的优点，拓展自己的知识面。如今，不再是女子"大门不出，二门不迈"的时代。作为女人你，不仅要走出去认识他人，与他人交往，特别要与成功人士交往。一个人只活在自己的世界里，不会有大的建树，只有与强者做朋友，时间长了，你才会有一个成功者的思维，你才会用一个成功者的思维去思考、思想决定行动，当你和优秀人士的想法相近时，你自然会朝着成功的方向迈进。

心无城府才是最大的城府

在还没有出校门之前，就有很多前辈告诉我们：这个社会很复杂，做人一定不能太单纯。但是，如果太不单纯，甚至从小就深怀心机，未必就是一件好事情。

有这么一个真实的故事，某一天，学校里的年轻老师像往常一样给孩子们讲述《乌鸦和狐狸》的故事：狐狸看到乌鸦嘴里衔着一块令人馋涎欲滴的肉，就赞美乌鸦羽毛漂亮、身材健美，是天生的百鸟之王，如果再唱支歌的话那就更可爱。乌鸦听了十分高兴，就得意忘形地唱起歌来。可是刚一张嘴，肉就掉到了地上。狐狸叼起肉喜滋滋地走了。讲完课文的中心思想之后，老师让同学们对受骗的乌鸦说一句话。几乎所有的同学都说："乌鸦，你太虚荣了，听了恭维话就得意忘形"。只有一位胖乎乎的小女孩说："乌鸦，你别难过了，我分给你一块肉。"小女孩刚说完，全班都开始哄堂大笑。老师语重心长地说："你这孩子，就像《农夫和蛇》里的农夫一样，会吃亏的。"小女孩依然小声地说："乌鸦受骗心里正难过呢 这个时候一定最需要好朋友的安慰了。"

过了一会儿，老师又开始问同学们："你们再想一想，如果乌鸦以后再见到狐狸，会是什么情况呢？"同学们都抢先回答："无论狐狸再怎么夸奖乌鸦，乌鸦都不会再理它。"只有班上最机灵的小男孩回答："狐狸是狡猾的，肯定不会再用老办法骗乌鸦了。它一定会对乌鸦说，上次我骗了你的肉，我妈妈狠狠地批评了我，让我回来向你道歉。如果你不肯原谅我，我就站在这里不走了。乌鸦见他一脸诚恳，就对他说，你不要担心，我原谅你了。刚说完，嘴里的肉又掉了。狐狸立即又把肉叼到了嘴里。乌鸦哈哈大笑，臭狐狸，你死定了，我在肉里下了药。狐狸连忙把肉吐了出来，以最快的速度奔到小溪边用水漱口。这时乌鸦从树上飞下来把肉叼走了。"听了这段想象力丰富的描述，同学们禁不住鼓起掌来，老师也为孩子的聪明暗暗惊叹。

按常理说，这个聪明的小男孩长大后也一定不简单，但是最终的结局却出乎意料。很多年之后，当这位老师作为教育界知名人士去监狱做帮教演讲的时候，遇到的服刑人员居然是当年那个绝顶聪明的小男孩。而作为优秀企业家与她同行的则是被全班同学嘲笑的那个小女孩。这位老师开始深深反省，当时怎么没有想到，去安慰被讽刺被嘲笑乌鸦的小女孩有着多么单纯的爱心！而小小年纪，连狐狸都敢骗的孩子，在如此聪明绝顶的背后又隐藏着多么可怕的东西啊！这孩子生活在怎样的家庭？为什么会有这样狡诈的心计？自己当年怎么就没有想过呢？

很多时候，从表面上看似单纯的孩子比较没有生存能力。但从另一方面看，身边的一些人却真的是因为简单而优秀的。这并不奇怪，因为聪明并不一定全是成功的最终条件。

在《射雕英雄传》里，郭靖憨厚质朴，傻乎乎的没有什么心机，更没有什么人生技巧和策略。但正是这种单纯，使得他心无旁骛地学成了天下最高的武艺——"降龙十八掌"，成为顶天立地的武林高手。

我们总是习惯于把成功的秘诀往一些诡秘的方向猜测，其实在社会中生存的最优法则仍然是那些被我们忽视的、最古老、最简单的东西，比如诚实、勤劳、宽恕。

上天从不为难简单的人，简单的人会做得更优秀。因为简单的人没有太多复杂的算计，就多一些实干的行动，建议大家要多和这样的人交朋友。简单的人往往会把这个世界想象成如童话般纯净明亮。这并不是因为他们不知道世道的艰难险恶，当你和他们进行对话时就会发现，愈是这样的人，愈具有广阔的胸襟。他们懂得，这样的人生态度才可以让自己在这个世界中更好地生存。

多和单纯的人在一起，我们会得到幸福，因为幸福会相互传染。变成简单的人，就会多出一份脚踏实地的专注，多一份成功的回旋余地。毕竟，这个世界最终还是靠实力来说话的。

别让你的前程毁于糟糕的人际

有人才华横溢，却终生不得志；也有人能力平平，却能够节节高升。这其中，个人的机遇是一方面，另外很重要的则是个人的人际关系状况。一个人如果孤立无援，那他一生就很难幸福；一个人如果不能处理好人际关系，就犹如在雷区里穿行，举步维艰。"条条大路通罗马"，而人际关系好的人可以在每条大路上任意驰骋。古往今来，许多杰出的人士，之所以被能力不如自己的人击垮，就是因为不善与人沟通，不注意与人交流，被一些非能力因素打败。不能融入人群无异于自毁前程，把自己逼入进退两难的境地。

刘红在一家公司做一名管理人员。在公司产品遭遇退货、赔款，濒临倒闭，公司高层们急得团团转而又束手无策时，硕士毕业的刘红站了出来，提供了一份调查报告，找出了问题的症结。此举不仅一下子解决了公司的难题，还为公司赚了几百万。

因工作出色，刘红深受老总的重视，不久就成为全公司的一颗明星。凭着自己的智慧和胆略，她又为公司的产品拓展了国内市场，立下了汗马功劳，两年时间内为公司赚回几千万利润，成为公司举足轻重的人物。

刘红踌躇满志，以为销售部经理一职非她莫属。然而，她没有获得升迁。本来公司董事会要提拔她为销售部经理，却由于在提名时遭到人事部门的强烈反对而作罢，理由是各部门对她的负面反映太大，比如不懂人情世故，骄傲自大……让这样一个人进入公司的决策层显然不太适宜。

销售部经理一职被别人担任了，她只好拱手交出自己创建、培养成熟的国内市场。这就好比自己亲手种下的果树上所结的果子被别人摘走一样，她非常痛苦。

还有一次她在外办事，需要公司派人来协助，却不料人还没有到，马上又被撤回去了，原来是一些资格较老的人觉得她很"孤傲""目中无人"，在工作上从不与他们交流……所以想尽办法拖她的后腿，让她的工作无法展开。

尽管刘红工作业绩辉煌，但她忽视了人际关系的重要性。那些她不熟悉的、不放在眼里的小人物，阻碍她在公司的发展和成功，在无可奈何的情况下，她只好伤心地离开了公司。

正如唐太宗李世民所说："水能载舟，亦能覆舟。"人在社会中生存，人际关系能推动你走向成功，也能让你顷刻间一无所有。千万不要忽视了你身边任何一个人的力量，也许关键时刻他们会是你成败之间的决定因素。做个聪明的交际女人，适当时进行感情投资，树立良好的交际形象，会为你带来意想不到的收获。

恰到好处的批评是"甜"的

人无完人，在这个世界上，没有人不会犯错误。在错误面前，有的女孩可能要忍不住怒目圆睁。狂风暴雨过后，女孩可能会沮丧地发现，她的善意并没有被对方所接受，甚至，换来的结果可能与预想的结果截然相反。

有这样一个故事：

山顶住着一位智者，他胡子雪白，谁也说不清他有多大年纪。男女老少都非常尊敬他。不管谁遇到大事小情，都来找他，请求他提些忠告。

但智者总是笑眯眯地说："我能提些什么忠告呢？"

这天，又有年轻人来求他提忠告。智者仍然婉言谢绝，但年轻人苦缠不放。

智者无奈，他拿来两块窄窄的木条，两撮钉子——一撮螺钉，一撮直钉。另外，他还拿来一个榔头，一把钳子，一个改锥。他先用锤子往木条上钉直钉，但是木条很硬，他费了很大劲也钉不进去，倒是把钉子砸弯了，不得不再换一根。

一会儿工夫，好几根钉子都被他砸弯了。最后，他用钳子夹住钉子，用榔头使劲砸，钉子总算歪歪扭扭地进到木条里面去了。但他也前功尽弃了，因为那根木条裂成了两半。

智者又拿起螺钉、改锥和锤子，他把钉子往木板上轻轻一砸，然后拿起改锥拧了起来，没费多大力气，螺钉便钻进木条里了。

智者指着两块木板笑了笑："忠言不必逆耳，良药不必苦口，人们津津乐道的逆耳忠言、苦口良药，其实都是笨人的笨办法。硬碰硬有什么好处呢？说的人生气，听的人上火，最后伤了和气，好心变成了冷漠，友谊变成了仇恨。我活了这么大年纪，只有一条经验，那就是绝对不直接向任何人提忠告。当需要指出别人的错误的时候，我会像螺钉一样婉转曲折地表达自己的意见和建议。"

没有人喜欢被批评，不要相信"闻过则喜"。如果一味指责别人，我们将会发现，除了别人的厌恶和不满外，我们将一无所获。如果你能够让对方感到你是来解决问题纠正错误的，而不是仅仅来发泄不满的，那么你的形象一定会大大提升。学会恰到好处地"批评"，是聪明女孩应该掌握的技巧，这里有几点小建议：

1. 批评宜在私下进行

被批评可不是什么光彩的事，没有人希望在自己受到批评的时候召开一个"新闻发布会"。所以，为了被批评者的"面子"，在批评的时候，要尽可能避免第三者在场。不要把门大开着，也不要高声叫嚷使周围的人都知道。在这种时候，你的语气越温和越容易让人接受。

2. 不要很快进入正题

做错事的一方，一般都会本能地有种害怕被批评的心理。如果很快进入正题，被批评者很可能会产生不自主的抵触情绪。即使他表面上接受，也未必表明你已经达到了目的。所以，先让他放松下来，然后再开始你的"慷慨陈词"。有句话说得好：胡萝卜加大棒，这样才能达到比较好的效果。

3. 对事不对人

批评时，一定要针对事情本身，不要针对人。谁都会犯错误，这并不代表他人品有问题。错的只是行为本身，而不是某个人。一定要记住：在批评时，永远不要针对某个人。

4. 提出解决问题的办法

批评的同时，你必须要告诉他怎么做才是正确的，这才是正确的批评方法。不要只是"指手画脚"，一定要使他明白：你不是想追究谁的责任，只是想提醒他解决问题。而且，他有能力解决。

恰到好处的批评应该是"甜"的，它所产生的效果，应该是使被批评者心悦诚服，主动接受批评、改正错误，并且受到鼓励，让对方感受到你的亲和力。巧妙把握批评的分寸，会让你与他人之间建立起和谐的人际关系，大大提高工作效率。

你的前程系在你的嘴上

在现代社会中，语言艺术对社会交际的重要性已越来越明显。美国人类行为科学研究者汤姆士指出："说话的能力是成名的捷径。它能使人显赫，令人鹤立鸡群。能言善辩的人，往往令人尊敬，受人爱戴，得人拥护。它使一个人的才学充分拓展，事半功倍，业绩卓著。"他甚至断言："发生在成功人物身上的奇迹，一半是由口才创造的。"美国著名的政治家、外交家富兰克林也说过："说话和事业的进步有很大的关系。"无数事实证明，说话水平是事业成功的重要因素之一，口语表达的好坏会影响到事业的成败。

女性要想在交际中占据优势，口才是一大武器。女孩若成为一个健谈者，运用自己在交流沟通方面非同一般的技能，就能够引起别人的兴趣，吸引他们的注意力，自然地使他们聚集到自己的周围。

生活中，口才出众的女性受人欢迎，讨人喜欢，能够使许多不认识的人成为自己的朋友，也能使许多毫无交往的人促进了解，还能替人排忧解难，消除人与人之间的猜忌和疑虑。同时，能说会道的女性往往成为众人瞩目的核心人物，赢得不少人的信赖和欢迎。

才女林徽因令许多青年才俊为之神魂颠倒，梁思成、徐志

摩、金岳霖……每一位都是响当当的人物。她的

魅力，来自于先天美丽与后天才华的交融，来自于良好的修养和高贵的人格，来自于她对语言艺术的绝佳把握。如"大珠小珠落玉盘"一般，她用语言完美地展现了她的智慧、她的灵秀、她的柔情、她的细腻。

林徽因和梁思成结婚之后，梁思成曾问林徽因为什么没有选择徐志摩而选择了他，这是一个令人尴尬的问题。

林徽因这样回答："我想我要用一生来回答这个问题。"

这真是一个绝妙的回答，不但让梁思成相信她说的话的真实性，还使他下定决心要表现出色，才不至于让她失望。

从这句话里面就能看出林徽因的智慧——不贬低谁，反显出自己人格的高贵；没有男人那么棱角分明，可是水一般的柔情却能够让人感动。

除了自身的美丽和智慧之外，林徽因在社交方面更是魅力无穷。林徽因在北京东城北总布胡同家中的"太太客厅"里，结交了不少当时才华杰出的人才。不仅是人文学科的学者，连许多自然科学家也对那里流连忘返。

林徽因说起话来别人插不上嘴，沈从文、梁思成以及金岳霖等都心甘情愿坐在沙发上抽着烟斗倾听。这就是女人妙语连珠所散发出来的魅力。林徽因是一个不仅知道自己的资本，也懂得如何利用自己资本的女人。

对于林徽因的谈话，萧乾多有赞美之词，认为"是有学识，

有见地，犀利敏捷的批评"，还认为："倘若这位述而不作的小姐能像 18 世纪英国的约翰逊博士那样，身边也有一位博斯韦尔，把她那些充满机智、饶有风趣的话——记载下来，那该是多么精彩的一部书啊。"

虽然不是每个女孩都能如林徽因拥有容貌、家世、才华，但至少可以改进自己，锤炼自己的语言艺术。让我们立志做舌灿莲花的女人吧，谈吐自如，妙语连珠，在谈笑风生中尽展女性的风采和魅力。

"曝光"自己，提高你的身价

如今的社会不再是那个"酒香不怕巷子深"的社会，纵然我们是"皇帝的女儿"，要想嫁出去，也免不了要走出深宫，主动推销自己。

在这个世界上，真正比我们聪明的人只有 5%，而比我们愚蠢的人，也只有 5%，我们大多数人都是普通人。既然这样，我们靠什么理由去说服买家，证明自己比别人有更高的身价、更值得他选择呢？这里给你提供几个自我推销的技巧。

1. 确定交往对象

请考虑一下：你在公司里喜欢与哪些人交谈？他们对你有什

么期望？你有哪些特点能够对你的"对象"产生影响？请注意观察优秀同事的行为准则，并学习他们的优点。

2. 善用别人的批评

许多营销部门利用民意调查表，了解消费者对产品好坏的评价。你也应了解别人对你的评价，应该坦诚地接受批评，从中吸取教训应当注意言外之意。例如，如果你的上司说，你干活很快，那么在这背后也可能隐藏着对你的批评。

3. 要善于展示自己

要尽量展示自己的优点。例如，你的语调是否庄重、令人讨厌？语调与握手和微笑一样可以说明一个人的许多特性。

4. 精心包装自己

超级市场的货架上灰色和棕色的包装为什么那么少？这是因为没有人喜欢这些颜色的包装。你要不想成为滞销品，也应当检查自己的"包装"——服装、鞋子、发型。要经常改变自己的"包装"，时常给人耳目一新的感觉。

5. 说话要明确

说话要言简意赅，不要用"也许"或"我想只好这样"等词句来表达。上司一般都喜欢下属能有一个明确的态度，不论对人还是对事。

6. 占领"市场"，建立关系网

你在公司里的知名度怎么样？要使自己引起别人的注意，可以在夏天组织一次舞会或与同事们一道远足。要与以前的上司们保持联系，建立一张属于自己的关系网。

7. 适当地表露自己的成绩

不要怕难为情，大胆地说出你自己已经取得的成就。没有必要总是谦虚，你得学会表扬你自己，尤其是在上司面前。但要注意找准时机，不显山不露水地提及。

分享是为了以后的得到

无论是机会、利益还是其他各种人们都想得到的东西，你越吝啬，觊觎的人反而会越多，适当地分享既能保证你的利益，其他得利的人也会对你更加忠诚，而一旦你有需要时，你便能从他们那里得到更多。很多女人吝啬分享，害怕别人得利，自己便会失利。其实你选择了分享，就为自己又增加了一份人情。

金楠是一家外企的高级白领，由于公司规模很大，她所在的宣传部门就设立了两个办公室。金楠的办公室在6层的最里边，十分隐蔽，而且透过窗子可以眺望不远处公园的美丽风光。因此，公司的许多同事都喜欢聚在她的办公室聊天，哪怕只是临窗看看公园，也能驱散些工作的劳累。因此，金楠的办公室在休息时间总是有许多人，大家坐在一块儿互相交流工作心得、谈谈公司规章的缺陷，而公司的一些管理者也都愿意来到金楠的办公室与大家一起交流。

金楠却私下总是抱怨太多的人在她的办公室，她的工作都被影响了。于是，她就在办公室门的把手那儿挂了一个牌子，上面写着"工作中"。这样，金楠就可以一个人安静地工作了，窗外那一大片美丽的风景也独属于她自己了。

开始时，一些同事还是三五成群地在休息时间到她的办公室串门，但是，金楠总是以她在工作为由，说自己没时间休息。后来，同事不再来她的办公室，即使来办公室，也只是因为工作的关系。一段时间后，金楠成了公司内的孤家寡人，同事们都不愿和她交流，工作中出现问题时，同事们也不再热心地帮助她。再后来，由于公司的经营出现了一些问题，不得不裁减人员，裁减人员名单上的第一个人就是金楠。

由于吝啬与同事分享办公室的美景，金楠失去了一份令人艳羡的工作。吝啬是一种极端自私的表现。任何人都有自私的一面，不为自己打算的人很少。然而在人际交往中，要做到公私兼顾并不困难。所谓礼尚往来，来而不往非礼也。人敬你一分，你回敬三分，这当然好，回敬一分，也不为过。如果总想让人敬你，而你不回敬别人，这就会得到"吝啬"的评价。吝啬的毛病在女人的身上表现得非常突出。

仔细想想，我们是否也有这种毛病呢？小时候有好玩的玩具，我们只是自己玩；有了好吃的，自己偷偷藏起来；上学时别人借笔记，我们却拒绝；买了一件漂亮的衣服穿给朋友看，朋友也想买一件我们却谎称卖完了；老板给了我们一个"肥差"，我们却拒绝别人的帮忙，想要自己独立完成……

分享是为了以后的得到。所谓"拿人手短，吃人嘴软"，乐于拿出自己的东西与人分享的人，人缘总不会太坏。人是社会性动物，没有谁能够独立生活。人与人之间少不了交往，我们也总有需要别人帮忙的时候。所以，不要吝啬分享你的东西，有时只是一杯小小的可乐，都可以让你拥有一个朋友。

所以，女人的目光不要太短浅，心胸不要太狭窄。学会分享，其实是一项"长远投资"，有利于提升我们的形象，有利于改善我们的生存环境，有利于我们在社会中更好地立足并发展。

第三章

即使命运让你遍体鳞伤，
你也要从伤口长出翅膀

命运出错时，坚强是人生天平最重的砝码

幸福的人生是类似的，不幸的生活各有各的不幸。命运不是早就调整好的精密仪器，它偶尔也会犯错。这个时候，苦难就降临到了我们头上。对苦难，有些女人只以眼泪当武器，结果溺死在自己的眼泪之中。那些选择坚强的女人，虽然她们没有男儿惊天动地的气概，但是她们在接受命运女神挑战的时候，一定会赢得最终的胜利！

2008 年北京奥运会中，一位叫做纳塔莉·杜托伊特的女子游泳运动员赢得了大家的赞赏。不是因为她获得了冠军，而是因为她的顽强性格感动了我们。

24 岁的南非选手纳塔莉·杜托伊特 7 年前遇到了车祸，事后杜托伊特左腿膝盖以下部分被截肢，这一 2000 年仅以毫厘之差无缘悉尼奥运会的女子混合泳冠军的希望之星，转瞬之间成了一位肢残者。人们都认为她的运动生涯就此结束了，然而 3 个月后，她重返泳池，开始学习用一条腿游泳，但她很难保持平衡，于是她决定主攻不需要太多依赖打腿动作的长距离游泳。1 年后杜托伊特在英联邦运动会上闯进女子 800 米自由泳决赛。2008

年 5 月,她在世锦赛上夺得女子 10 公里马拉松游泳第 4 名,一举"游"进北京奥运会。

决赛中,杜托伊特在 25 名参赛选手中最终位列第 16 位,但她并不满意自己的表现:"有些失望,我应该能进前五,对于一名久经赛事的选手来说,这是不能原谅的。我不想无偿地得到什么。我是为梦想而来,梦是自己给自己的,而不是别人给的。"

纳塔莉·杜托伊特的形象是北京奥运会中最感人的画面之一,"独腿的美人鱼"让我们看到了坚强所赋予人们的巨大潜力。

凤凰台的一位美女主持刘海若,是一位很有风度的主播和记者,深受观众的喜爱。2002 年 5 月 8 日,她与同伴在英国遭遇火车出轨意外,经英国医院抢救后,被判定脑干死亡。后来,医生发现她还能够自主呼吸,脑死亡的结论才被推翻。此时,凤凰同行一起为海若祈祷着,他们相信海若能够创造奇迹,"因为她是这样坚强的一个人"。果然,在顽强的求生欲望下,海若从死亡线上走下来。在康复治疗中,海若也表现出了非同一般的坚强,康复的速度之快让医生都感到惊奇。后来,她重返凤凰,负责凤凰的海外节目。

无论是纳塔莉还是刘海若,她们在苦难面前所现出来的坚强让所有人崇敬。抱怨人生不公、感叹自己是上帝的"弃儿"的人,应该在这样的女性面前感到惭愧。生活不是设定好的旅途,一切都能尽在你掌握。在你的人生道路上可能存在着挫折甚至灾难,你是选择软弱地承受,还是坚强地面对?命运出错,你不能错，选择坚强，你才为自己的人生天平选择了最重的砝码。

引用鲁豫的一句话："我们都不完美，但我们都要体验生命带给我们的冷暖悲喜。"无论是悲是喜，一颗坚强的心就是你最重的砝码。

只看我有的，不看我所没有的

世界上不存在绝对完美的事物，我们每一个人都是不完美的，没有人会将所有的好处都一个人占尽，也不可能所有的坏事都发生在一个人身上。年轻的女人对于自己的种种缺陷不要耿耿于怀，要敢于直面不完善的自我。也许你没有过人的口才，但是善于写作；也许没有领导的才能，但是善于配合。如果一味盯着自己的缺点，就只能困在自己画的圈子内黯然神伤，应该看到自己的优点，经营自己的长处，积极地生活。

她站在台上，不时不规律地挥舞着她的双手；仰着头，脖子伸得好长好长，与她尖尖的下巴扯成一条直线；她的嘴张着，眼睛眯成一条线，诡谲地看着台下的学生；偶然她口中也会咿咿唔唔的，不知在说些什么。基本上她是一个不会说话的人，但是，她的听力很好，只要对方猜中，或说出她的意见，她就会乐得大叫一声，伸出右手，用两个指头指着你，或者拍着手，歪歪斜斜地向你走来，送给你一张用她的画制作的明信片。

她就是黄美廉，一位自小就患脑性麻痹的病人。脑性麻痹夺去了她肢体的平衡，也夺走了她发声讲话的能力。从小她就活在肢体不便及众多异样的眼光中，她的成长充满了眼泪。然而她没有让这些外在的痛苦击败内在奋斗的精神，她昂然面对，迎向一切的不可能，终于获得了加州大学艺术博士学位。她把她的手当画笔，以色彩告诉人们"寰宇之力与美"，并且灿烂地"活出生命的色彩"。全场的学生都被她不能控制自如的肢体动作震慑住了，这是一场倾倒生命、与生命相遇的演讲会。

"请问黄博士，"一个学生小声地问，"你从小就这个样子，请问你怎么看你自己？你没有怨恨过吗？"大家的心一紧，这孩子真是太不成熟了，怎么可以在大庭广众之下问这个问题，太伤人了，大家都很担心黄美廉会受不了。"我怎么看自己？"美廉用粉笔在黑板上重重地写下这几个字。她写字时用力极猛，有力透纸背的气势。写完这个问题，她停下笔来，歪着头，回头看着发问的同学，然后嫣然一笑，回过头来，在黑板上龙飞凤舞地写了起来：

1. 我好可爱！

2. 我的腿很长很美！

3. 爸爸妈妈这么爱我！

4. 上帝这么爱我！

5. 我会画画！我会写稿！

6. 我有只可爱的猫！

7. 还有……

忽然，教室内鸦雀无声，没有人敢讲话。她回过头来看着大家，再回过头去，在黑板上写下了她的结论："我只看我所有的，不看我所没有的。"

掌声由学生群中响起，黄美廉倾斜着身子站在台上，满足的笑容从她的嘴角荡漾开来，她的眼睛眯得更小了，有一种永远不被击败的傲然写在她脸上。

大家不觉两眼湿润起来，看着黄美廉写在黑板上的结论："我只看我所有的，不看我所没有的。"每个人都想，这句话将永远鲜活地印在自己心上。

学会容纳自己的不完美，实事求是地看待自己，才能从自身条件的不足和所处不利环境的局限中解脱出来，去做自己想做的事。很多女人每天生活在一个美丽的童话王国里，却看不见生活的美丽，怨天尤人，时常感到失落。要得到快乐，请记住这条规则："只看我所有的，不看我所没有的。"

用沙漏哲学一点一滴化解压力

现代女性通常肩负着事业和家庭的双重责任，每一天都在压力中度过。脆弱的女人很有可能产生抗拒心理，诅咒压力、憎恶压力，在压力中消沉，甚至在压力中崩溃，选择一些极端的解决方式，这样的例子都不胜枚举。

压力到底是一种什么样的东西，可以有如此大的摧毁力。压力来自方方面面，工作的繁重、生活中的各种琐事、情感纠葛、人际紧张都可能造成压力，让你感觉到一种"备战状态"，精神高度紧张，随时等待着灾祸的发生。绝大多数的人都面临着相似的境况，尤其是金融危机来临之后，大家都在担心自己的饭碗能否保得住、高额的房贷如何偿还、父母子女等待供养……可以说，承受着压力是一个现代人的常态。但问题是，一些人似乎能够承受，而另一些人却被压力击垮。究其原因，外部压力的大小只是很小的一部分原因，更大的原因来自于自我，是我们让自己的心灵背负了沉重的压力。

其实完全没有心理压力的情况是不存在的。如果你的生活失去了压力，那么"空虚"就会找上门来。无所事事，对生活失去兴趣的状态比高压状态更加不利于你的心理和生理健康。其实有很多生活在高压中的人能够笑面压力。

我国知名的心理咨询专家曾奇峰先生说过：心理压力是魔鬼与天使的混合体。它就像是能带给人心灵的和躯体的双重伤害的魔鬼。而另一方面，压力又能让我们保持较好的觉醒状态，智力活动处于较高的水平，可以更好地处理生活中的各种事件。

压力是一种常态，但不会与压力相处的人就会打破这种状态，而让自己的精神和身体陷入崩溃的边缘。如何与压力相处，关键看承受者的心态。所以，与其在压力来临时诅咒它，不如从自身做起，改观心态，增强承受力，更要向沙漏学习怎样把压力一点一滴地释放。

现代人大都背负着沉重的生活压力，时常担心这个，担心那个。面对这么多的压力，你该试一试"沙漏哲学"，既然你所忧虑的事不是一时半刻就能改变的，你就要用另一种心情去面对。

二次大战时期，米诺肩负着沉重的任务，每天花很长的时间在收发室里，努力整理在战争中死伤和失踪者的最新纪录。源源不绝的情报接踵而来，收发室的人员必须分秒必争地处理，一丁点的小错误都可能会造成难以弥补的后果。米诺的心始终悬在半空中，小心翼翼地避免出现任何差错。

在压力和疲劳的袭击之下，米诺患了结肠痉挛症。身体上的病痛使他忧心忡忡，他担心自己从此一蹶不振，又担心自己是否能撑到战争结束，活着回去见他的家人。在身体和心理的双重煎熬下，米诺整个人瘦了34磅。他想自己就要垮了，几乎已经不奢望会有痊愈的一天。身心交相煎熬，米诺终于不支倒地，住进医院。

军医了解他的状况后，语重心长地对他说："米诺，你身体上的疾病没什么大不了，真正的问题出在你的心里。我希望你把自己的生命想象成一个沙漏，在沙漏的上半部，有成千上万的沙子。它们在流过中间那条细缝时，都平均而且缓慢，除了弄坏它，你跟我没办法让很多沙粒同时通过那条窄缝。人也是一样，每一个人都像是一个沙漏，每天都是一大堆的工作等着去做，但是我们必须一次一件慢慢来，否则我们的精神绝对承受不了。"

医生的忠告给了米诺很大的启发，从那天起，他就一直奉行着这种"沙漏哲学"，即使问题如成千上万的沙子般涌到面前，米诺也能沉着应对，不再杞人忧天。他反复告诫自己："一次只流过一粒沙子，一次只做一件工作。"没过多久，米诺的身体便恢复正常了，从此，他也学会了如何从容不迫地面对自己的工作了。

人没有一万只手，不能把所有的事情一次解决，那么又何必一次为那么多事情而烦恼呢？不能即时改变的事，你再怎么担心忧虑也只是空想而已，事情并不能马上解决；你应该试着一件一件慢慢来，全心全意把眼前的这件事做好。

人生在世，必然要面临各种各样的压力。当你学会调整自己，让压力一点一滴而来时，它就会不断推动着你努力前进。

你也可以试试这些化解压力的办法：

1.罗列出具体的压力源

你可以仔细思考自己到底有哪些压力，它是来自工作、生活、交际还是其他方面，把让你感到困难的事情仔细写出来。一旦写出来以后，你就会发现了解自己的具体所想就能化解掉一半的压力。

然后为这些事情排一个序，哪些是你必须马上要解决的，哪些是可以稍微放缓一下的。从重点开始逐个一一击破。

2. 自我心理暗示。

通过积极地自我心理暗示，如告诉自己"这些都不算什么，我可以轻松解决"，或者想象着"蓝天白云下，我坐在平坦绿茵的草地上"，"我舒适地泡在浴缸里，听着优美的轻音乐"，这些积极的暗示都能在短时间内让你平复心情，获得轻松感。

3. 用大哭来发泄

心理学家认为，大哭能缓解压力。一个对比试验可以证明这个结论：心理学家曾给一些成年人测验血压，然后按正常血压和高血压编成两组，分别询问他们是否偶尔哭泣。结果 87% 的血压正常的人都说他们偶尔有过哭泣，而那些高血压患者却大多数回答说从不流泪。由此看来，让人类情感抒发出来要比深深埋在心里有益得多。

4. 为压力寻找合理的解释

这个方法是在你明确压力来自什么方面以后采取的，目的是增强心理承受能力。比如说当你在繁重的工作中与同事产生纠纷，感觉到对方更增添了你的工作压力。这个时候你不妨想一想对方的处境，他可能最近面临着什么困境，所以情绪不稳定，因而在与你的合作中产生了摩擦。这样一想，你就会觉得心里平和多了。

5. 寻求支持

当你觉得自己的心理压力过大，已经快超出承受范围的时候，可以适当地向亲戚、朋友、心理医生求助。倾诉可以缓解你的精神紧张，千万不要一个人硬撑。其实承认自己在一定时期软弱，然后通过外部有益的支持降低紧张、减弱不良的情绪反应是明智之举。

总而言之，压力是客观存在的。你不可能减掉所有的压力，但是把压力放在沙漏里，让它一点一点地囤积，又一点一点地漏下，你的生活就能找到平衡，心情也能归于平静。

不要"攒"下了所有的苦再来享受幸福

2009 年的春晚，小品《不差钱》一夜之间红遍大江南北，其中小沈阳的一句话广为流传："人生最大的痛苦莫过于，人死了，钱还没花完。"

一笑而过之后，相信很多人都会有所感悟。

从小，家长和老师就教导我们要"先苦后甜"，年轻时如果贪图享乐，年老时就会过着穷困潦倒的生活。于是，生活中许多女人都有意无意中将幸福当做一种奢侈品，认为自己只能在储存了许多的"苦"后，才能有资格享受幸福。

有的女人在读书的时候，明明家里不缺钱，还省吃俭用，每天用白菜、萝卜打发伙食。这种精神虽然可嘉，可青春期的女人正是长身体的时候，平时学习又辛苦，不注意调节营养怎么行呢？

还有的女人更厉害，竟然采取一种自虐性的进取方式，规定自己每天工作或学习要达到 12 个小时，也不管身体是不是受得了。一旦某天工作或学习状态不理想，尤其在受到别人"奋发图强"精神的刺激后，她们会义无反顾地甚至"开夜车"到天亮，用以惩罚自己的"不刻苦"。这些女人一般来说意志力都很坚强，品性也不错，但是却用功过头了。日复一日地惩罚和约束自己，会令大脑失去创造热情，也会加重身心的负担，不利于个人健康。

有时候，人太在乎目的本身，一门心思扑入其中，就会忘记生命中还有许多美好的事物同样值得珍惜。等到老去的时候，才发觉自己只顾着追求和赶路，从来没有轻松地享受过。这难道不是人生的悲哀吗？任何人的生命都只有一次，任何一秒对于人来说都是弥足珍贵无法再生的。幸福无法"零存整取"，你需要在每分每秒中去体会幸福，而不是把所有的幸福"储存"起来，尝遍了所有的苦再一次性享受幸福。

她们常常会对自己说"如果我考上理想的大学……"，"如果我进了知名的外资企业……"，"如果我付清住房的贷款……"，"如果我得到提升……"，"如果我退休，我就可以永远地享受人生"。

但或迟或早，你就会明白，生活中根本不存在什么驿站，也没有什么既定的路线。

世界上没有后悔药，生命过去了就不可能重来。与其后悔，为什么当初不好好过呢？寻找生命本真的乐趣，不因任何顾虑而战战兢兢，不为任何流俗而生活压抑，这样在生命的终点，就不会痛悔不已。

活着，就尽情地享受人生！有人说："幸福与否不在于目的的达到，而在于追求的本身及其过程。"生活中的绝大多数情景就是这样的。辛苦工作之余，放纵一下自己，享受自己的花样年华吧！

不需要别人施舍的阳光

生活有了热情才会有希望，生命中充满热情，生活便每天都充满阳光。

相信你一定看过小提琴家在演奏时满头乱发飞扬的场面，他只顾演奏，丝毫不关心外表如何。恰恰是这份热情弥补了他的外表，让他气质非凡，让他魅力无穷，让观众为之倾倒。这就是热情的爆发力和感染力。

发挥热情，能带给你真正的自信。因为你专注于自己的兴趣而非外表时，你就有了自信。你不再以自我为中心，你不再担心自己的工作表现，只是充分地展现自己的热情。

快乐生活的一个基本要点就是拿出你的热情来，你有了对生活的热情，就不需要在意别人对你的看法和评价，不需要依靠别人施舍给你阳光，只要你对待生活有足够热情的态度，你就可以成为自己的太阳！

热情是一种青春的活力。富有热情的女人，会谈笑风生，以自己的言语感染别人，使周围的人感到愉悦，受到激励；当别人遇到困难时，能热情相助，使人感到可亲、可敬。

一个失去热情、对一切人和事物都采取漠视和冷淡态度的女人，看不到生活的本质和人生的真谛，看不到希望和曙光，不能寻觅到挚友和知音，也激发不起生活的热情和兴趣，终日伴随她的只是内心深处的孤寂、凄凉和空虚。这无疑是一种可悲的自我摧残和自我埋葬。

对人热情的女人言行举止间会显露出一种吸引人的气质，会得到别人的喜欢，就像有人说的那样，"你对我热情，我就喜欢你"。当一个女人充满热情时，她散发的是一种生机勃勃的魅力。所以，我们不要做老气横秋、毫无激情的女人，一定要让热情灿烂我们的一生！

很多女人对人生每每抱有一种力求完美的心态，凡事都要全力以赴，事事都不能落后于人，她们可能会因为脸上长了痘而涂抹厚厚的化妆品遮掩，甚至不敢出门，也可能因为学识不佳而不敢跟人谈恋爱。可是人生又哪里来的十全十美，你又何必把自己折腾得这么累？你是否想过，事事不必苛求完美，尽力而为即可。让自己过过减法生活，无法改变的事情就不要过度在意，要懂得从内心善待自己，你会活得神采飞扬。

有一个女人，她自小的梦想是成为一位歌唱家，可是她长得并不好看。她的嘴很大，牙齿很暴露，每一次公开演唱的时候——在新泽西州的一家夜总会里——她都想把上嘴唇拉下来盖住她的牙齿。她想要表演得"很美"，结果呢？她使自己大出洋相，总也逃脱不了失败的命运。

恰巧那家夜总会里听这个女人唱歌的一个人，认为她很有天分。他很直率地说："我一直在看你的表演，我知道你想掩藏的是什么，你觉得你的牙长得很难看。"这个女人非常难为情，可是那个男的继续说道："这是怎么回事？难道说长了龅牙就罪大恶极吗？不要去遮掩，张开你的嘴，观众欣赏的是你的歌声。再说，那些你想遮起来的牙齿，说不定还会带给你好运呢。"

她接受了他的忠告，没有再去注意牙齿。从那时候开始，她只想到她的观众，她张大了嘴巴，热情而高兴地唱着，后来，她成为电影界和广播界的一流红星。她的名字叫凯丝·达莉。

在你的生活中，是否有你想刻意隐藏的"龅牙"呢？是否你的刻意隐藏达到的效果反而适得其反呢？勇敢地接受自己的不完美，或许你会发现生命中有更灿烂的阳光。

有一个人，他得到了一张精致的由檀木做成的弓。他非常珍惜这张弓——它射得又远又准。

有一次，这个人一边观察一边想：还是有些笨重，外观也无特色，请艺术家在弓上雕一些图画就好了。他请艺术家在弓上雕了一幅完整的行猎图。

这个人拿着这张完美的弓心中充满了喜悦。"你终于变得完美了，我亲爱的弓！"

这个人一面想着一面拉紧了弓，这时，弓"咔"的一声断了。

人生就像这个人手中的弓，追求完美唯一的结果就是让这张弓毁于一旦。

"金无足赤，人无完人"，我们都应该认识到十全十美的人和事物是根本不存在的，不要因为不完美而恨自己。只有从内心接受自己，喜欢自己，坦然地展示真实的自己，才能拥有成功快乐的人生。

我们知道，这个世界上不是所有东西都让人满意，也没有任何一件事物是十全十美的，它们或多或少皆有瑕疵，人类亦同。我们只能尽最大的能力去使它更完美一些。智者告诉我们，凡事切勿过于苛求，如果采取一种务实的态度，你会活得更快乐！

哲学家伏尔泰曾言："幸福，是上帝赐予那些心灵自由之人的人生大礼。"这句话足以点醒每一个追求幸福的女人：要做幸福女人，你首先要当自己思想、行为的主人。换言之，你只有做自己，当个完完全全的自己，你的幸福才会降临！这就是幸福女人的秘密。

一个圆环被切掉了一块，圆环想使自己重新完整起来，于是就到处去寻找丢失的那块儿。可是由于它不完整，因此滚得很慢，它欣赏路边的花儿，它与虫儿聊天，它享受阳光。它发现了许多不同的小块儿，可没有一块适合它。于是它继续寻找着。

终于有一天，圆环找到了非常适合自己的小块，它高兴极了，将那小块装上，然后又滚了起来，它终于成为完美的圆环了。它能够滚得很快，以致无暇注意花儿或和虫儿聊天。当它发现飞快地滚动使得它的世界再也不像以前那样时，它停住了，把那一小块又放回到路边，缓慢地向前滚去。

其实我们每个人都是一个不完整的圆，生命中有些东西原本是可以舍弃的，太完美的结局往往像那个完整的圆一样，会失去很多曾经拥有的快乐。另一方面，这个故事也告诉我们，也许正是失去，才令我们完整；也许正是缺陷，才体现我们的真实。

没有一个人是完美无瑕的。难道有缺点和不足就注定要悲哀，要默默无闻，无法成就大事吗？你是否想过缺憾也是一种美，如同断臂的维纳斯。只要你把"缺陷、不足"这块堵在心口上的石头放下来，别过分地去关注它，它也就不会成为你的障碍。

所以，聪明的女人们懂得珍惜自己身边的一切，不会为无法改变的事情忧愁郁闷。做一个不太完美的圆，人生路途漫漫，放慢脚步，你会惊喜地发现，快乐可以是路边的那一株小草，虽然略显单薄，但是它仍然以自己的方式傲然地活着，为春天增加一抹清新的绿色，也在你心灵的春天挥洒了永恒的快乐！

牵着自己的手去散步

如果有什么事让你感到忧伤，让你无法自拔，不要躲在房间，暗自神伤。何不放下那些牵挂和羁绊，那些纷争和困扰，出门走走。走出家吧，外面有广阔的天地。那样，会让你的心胸更加宽广。

在晚餐后，傍晚的余晖下，一个人独自出门散步。无论我们有多么累，只要走进林荫小道，看着欢快的孩子们在身边跑来跑去，一天中所有的疲惫和烦恼都将烟消云散。

人生就是一场马拉松式的运动，何必时刻总想着都争个第一，时时刻刻绷紧了神经，蓄势待发？你大可不必如此紧张，或许，你觉得现在正缺少功名利禄，你无法抽出身，闲眼看浮云。其实，我们缺少的既不是功名，也不是利禄，而是一双适合的鞋子。穿上它，轻轻松松迈出家门。穿过小区的公园，走过院子里那条羊肠小道。看看阳光，吹吹清风，注视一下树枝上对你叫个不停的小鸟。

这个时候，你会发现，阳光并不像平时那样刺眼，而是给了你温暖；清风不会吹乱你的头发，而是温柔地给你抚摸；鸟叫声也并不那么刺耳，而是那样和悦动听。

你并不需要有明确的目的地，漫无目的就行了。即使走到天边也无妨。你不需要担心自己迷路，因为只有这个时候，你的思绪是最放松的、最清醒的。

此时此刻，这个世界是你的，你可以晃晃悠悠地走，也可以蹦蹦跳跳地跑，不必在意别人的眼光，也不必窥探别人的心事。这里，没有利益之争，没有猜疑，没有压力，你体会到的只有轻松。

在一次谈话节目中，主持人正采访几位不同年龄的观众，让他们说出各自心中的偶像。在场的年轻人，有的说周杰伦，有的说孙燕姿。当采访到一位五十多岁的阿姨的时候，阿姨很开心地说："我的偶像是苏有朋！"苏有朋应该是年轻人的偶像，这位阿姨是不是有点"追星"的感觉？

阿姨不紧不慢地说出了自己的理由。阿姨年轻的时候原本是一个工厂的工人，因为效益不好，工厂开源节流的时候，她下岗了。接着，她的孩子在一次车祸中丧生，她的家庭本来就很困难，在为生计发愁的时候，又意外接到这个噩耗。这让她几乎痛不欲生。

半年的时间，她不再张罗着找工作，几乎不主动跟家人说话，也很少出门见人，因为她不再有那份心情。那段时间的她，处于人生的最低谷。

突然，某一天，她不经意间听到了屋外广播中传来的歌声，正是苏有朋唱的《出去走走》："出去走走，忙里偷点闲；出去走走，烦恼抛一边，好心情就在一瞬间。随绿色蔓延，从嘴角到心田，从今天到永远，热雷雨后，挂一道彩虹，天空多耀眼。"

一首歌，顿时让阿姨豁然开朗。是啊，为什么不出去走走？既然选择了生活，为什么不活得好一点？

她决定出去走走，把所有的烦恼都丢在一边，只欣赏一些美好的东西。于是，她背上行李，暂时离开家人，离开那个让她伤心的地方，来到一个全新的城市，找了一份工作，之后她不断用工作充实自己。现在，她已经是一家服装公司的老板。

也许现在的你，生活并不富裕；也许你没有一份体面的工作；也许你正在困境中；也许你被情所弃。但不论什么原因，请试着出门走走。一个人出门散步，能让你的心灵获得一片宁静。只要能保持一种淡泊清净的心境，守住一片温馨的宁静，就能够理智、从容地对待生活。你也会发现人生处处有美丽的风景，生活时时有温馨的笑靥。当你尝试着牵着自己的手，进行这样一次漫无目的的散步的时候，你会发现，你的心情豁然开朗，仿佛进行了人生的一次洗礼。

为了生活，女人需要一些"傻气"

二十几岁的女人缺少生活的历练，却对生活要求太高，任何事情都想要一个结果：朋友为什么会给自己"穿小鞋"？男友在外面交了些什么朋友？上司对某女同事为什么比自己好？但生活中的是是非非很多，我们无法对每件事都做一个清楚的交代。

这些看似聪明的女人其实都很愚蠢。她们总被生活牵着走，为了一点小事，就会歇斯底里，这种女人就会老得很快。

如果能够"糊涂"一些，女人就会远离很多烦恼，活得更加快乐，不会被生活的琐碎困扰。郑板桥的一句名言"难得糊涂"洞明世事：聪明易做，糊涂难为，被世事纠缠不清的人难有大智慧、大作为。

"糊涂"的女人在为人处世上就精明多了,她们能用豁达、广阔的心胸包容着每一个人,甚至曾经伤害过自己的"敌人",她们都能以仁慈之心去微笑着面对,这样的"糊涂"女人怎么能不可爱?

"糊涂"的女人朋友多。因为她们懂得人与人之间只要渗透一点"虚假",一切美好的感觉就会烟消云散,所以她们会用真情来赢得友情。虽然不是每一分"真情"都能赢得友情,但她们知道宽容似水、宽容似火、宽容是诗,退一步海阔天空。

想要与人和平相处,想要拥有一个良好的人际关系网和前途,你就需要一本糊涂经。所谓糊涂经就是外表糊涂、内心清明的大智若愚。

太过计较的人总是追着幸福跑,用尽全力也抓不住飘忽不定、转瞬即逝的幸福。可笑的追逐,就如无声的宣判,如终审不能上诉,人生就是这么无奈,当你无法改变太多的时候,只有顺从。他们大多数处在痛苦之中,生命中充满矛盾与挣扎,他们在放与不放间徘徊、流连。每跨出一步,前面意味着什么,得到什么或失去什么,人未动心已远,何止一个"累"字了得。

不要太过计较,糊涂一番又何妨?只有想得开,放得下,朝前看,才有可能从琐事的纠缠中超脱出来。假如对生活中发生的每件事都寻根究底,去问一个为什么,那实在既无好处,又无必要,而且破坏了生活的诗意。

心情的颜色影响世界的颜色

　　芭芭拉在小时候，不知道从哪儿得到了一堆各种颜色的镜片，她喜欢用这些有颜色的镜片遮挡眼睛，站在窗台上看窗外的风景。用粉红色的镜片，面前的世界便是一片粉红色；用蓝色的镜片，眼前就是一片蓝色；当用黄色镜片的时候，世界又变成黄色的。用不同的镜片去看眼前的世界，世界便呈现不同的颜色。

　　这是在她小时候发生的一件事情。后来芭芭拉渐渐长大，每当遇到不高兴的时候，她就会想起这件事情。她总是对自己说："世界并没什么不同，我可以决定这个世界的颜色啊！"

　　明代陆绍珩说，一个人生活在世上，要敢于"放开眼"，而不向人间"浪皱眉"。

　　"放开眼"和"浪皱眉"就是对人生正反面的选择。你选择正面，就能乐观自信地舒展眉头，面对一切；你选择背面，就只能是眉头紧锁、郁郁寡欢，最终成为人生的失败者。

　　一个阳光的人，心情乐观开朗，他的人生态度是积极的，不管在工作中还是在生活上，都能很好地完成任务，因此自我价值也就容易实现，自我价值实现了，自我肯定的成就感就会上升，这样就能拥有一个好的心情，形成一个良性循环。

　　相反，一个心情阴暗的人悲观、抑郁，整天愁眉苦脸地面对生活，不管做什么事情都不积极，甚至错误百出，那么他的自我价值就会很难，自我否定的因素就会增加，使心情更加消极抑郁，成了一个恶性循环。

因此有人说，积极的心态会创造阳光的人生，而消极的心态则让人生充满阴霾；积极的心态是成功的源泉，是生命的阳光和温暖，而消极的心态是失败的开始，是生命的无形杀手。

有两个人在沙漠的黑夜中行走，水壶中的水早就喝完了，两人又累又饿，体力渐渐不支。在休息的时候，其中一个人问另一个人，现在你能看到什么？

被问的那个人回答道："我现在似乎看到了死亡，似乎看到死神在一步一步地靠近。"

发问的这个人却微微一笑说："我现在看到的是满天的星星和我的妻子、儿女等待我回家的脸庞。"

最后，那个说看到死亡的人真的死了，就在快要走出沙漠的时候，他用刀子结束了自己的生命。而另一个说看见星星和自己妻子、儿女脸庞的人成功地走出了沙漠，并成为人们心目中的英雄。

这两个人仅仅是当时的心态有所不同，最后却演绎了截然不同的命运。

悲观失望的人在挫折面前，会陷入不能自拔的困境；乐观向上的人即使在绝境之中，也能看到一线生机，并为此努力。有位诗人说："即使到了我生命的最后一天，我也要像太阳一样，总是面对着事物光明的一面。"到处都有明媚宜人的阳光，勇敢的人一路纵情歌唱，即使在乌云的笼罩之下，他也会充满对美好未来的期待，跳动的心灵一刻都不曾沮丧悲观：不管他从事什么行业，他都会觉得工作很重要、很体面；即使衣衫褴褛不堪，也无碍于他的尊严；他不仅自己感到快乐，也给别人带来快乐。

　　既然世界的变化完全是由自己的感觉来决定的，那么，何不让自己永远保持良好的感觉呢？世界是快乐的还是悲伤的，是精彩的还是单调的，关键在于你怎么看。

第四章

把容颜作为招牌，

无限风情尽自来

好形象从"头"出发

按照一般习惯，一个人注意和打量他人，往往是从头部开始的。而头发生长于头顶，位于人体的"制高点"，所以更容易先入为主，引起重视。鉴于此，要想打造良好形象，首先应该从"头"出发。

1. 勤于梳洗

头发是人们脸面之中的脸面，所以应当自觉地做好日常护理。不论有无交际应酬活动，平日都要对自己的头发勤于梳洗，不要临阵磨枪，更不能忽略此点，疏于对头发的"管理"。

通常理发的间隔，男士应为半月左右一次，女士可根据个人情况而定，但最长不应长于一个月。洗发，一般可以3天左右进行一次。至于梳理头发，更应当时时不忘，见机行事。总之，头发一定要洗净、理好、梳整齐。

如有重要的交际应酬，应于事前再进行一次洗发、理发、梳发，不必拘泥于以上时限。不过切记，此类活动应在"幕后"操作，不可当众"演出"。

2. 发型得体

发型，即头发的整体造型。在理发与修饰头发时，对此都不容回避。选择发型，除个人偏好可适当兼顾外，最重要的是要考虑个人条件和所处场合。

（1）个人条件

个人条件，包括发质、脸形、身高、胖瘦、年纪、着装、佩饰、性格等，都会影响发型的选择，对此切不可掉以轻心。

在上述个人条件里，脸形对发型的选择影响最大。选择发型时，一定要考虑自己的脸形特点，例如，国字脸的男士最好别理板寸，否则看上去好像一张扑克牌。卷发外翻的短发发型，则主要适合鹅蛋脸的女士，头发的下端向外翻翘，可展示此种脸形之美。要是倒三角脸形的女士选择了它，就不太好看了。

（2）所处场合

在社会生活中，人们的职业不同、身份不同、工作环境不同，发型自然也应有所不同。总而言之，在工作场合抛头露面的人，发型应当传统、庄重、保守一些；在社交场合频频亮相的人，发型则应当个性、时尚、艺术一些。至于前卫、怪异的发型，大约只有对艺术工作者才是适合的。

3. 长短适中

虽然说想要头发或长或短完全是一个人的自由，但是从社交礼仪和审美的角度来说，头发到底该多长或多短是有讲究的。具体来说，其受以下几个因素的影响：

（1）性别因素

男性和女性的区别，在头发长短上就有所体现。一般大家的观点是：女士可以留短发，但是却很少理寸头；男士的头发虽然也可以稍长，但是不宜长发披肩、扎辫子之类的。

（2）身高因素

从美观的角度来说，头发的长度在一定程度上应该与个人身高有关。以女士留长发为例，头发的长度应该与身高成正比。如果一个矮小的女生，头发却长过腰，反而会显得自己的个头更矮的。

（3）年龄因素

如果一头飘逸的长发出现在少女的头上，会有相得益彰的感觉。但是如果一位六七十岁的老奶奶却留很长的头发，则会让人感觉有些怪异，且显得自己没有多大的精神。

（4）职业因素

职业对头发的长短也有一定的影响因素的。比如，野战军的战士通常会理寸头，这是为了方便负伤的抢救，但是商政界人士则不适合这样。对于在商界工作的女士来说，应以束发、盘发作为变通；男士则不宜留鬓角和发帘，长度最好以不触及衬衣领口为宜。

4. 美化、自然

人们在修饰头发时，往往会有意识地运用某些技术手段对其进行美化，这就是所谓的美发。美发不仅要美观大方，而且要自然，不宜雕琢过重或是不合时宜。

在通常情况下，美发的方法有 4 种形式，它们分别是：

（1）烫发。烫发，即运用物理手段或化学手段，将头发做成适当形状的方法。决定烫发之前，先要看一下本人发质、年龄、职业是否合适。如果一个不到 20 岁的女孩子烫了大波浪卷的头发，就会显得老气横秋。

（2）染发。发色不理想，或是头发变白，即可使用染发剂令其变色。对中国人而言，将头发染黑无可非议，而若想将其染成其他色彩，甚至染成多色彩发，则须三思而行。

（3）作发。作发，即运用发油、发露、发乳、发胶、摩丝等美发用品，将头发塑造成一定形状，或对其进行护理。作发的要求与烫发的要求大体相似。

（4）假发。头发有先天缺陷或后天缺陷者，均可选戴假发。选择假发，一是要使用方便，二是要天衣无缝，不可过分俗气。

控制体重才是对形象负责任的态度

人的形体美在很大程度上与体重有关系，一个身材臃肿的人给人的印象很难会是干练的，而一个身材过于干瘪的人也会给人无精打采的感觉，而且一般来说，体形不好的人都会显得比实际年龄要老。由此可见，体形对一个人的形象有很大影响，及时控制自己的体重不仅是时代潮流的需要，更是一种对个人形象负责任的态度。

控制体重是一项长期的工作，需要不断坚持和长久的耐心。要控制好你的体重，有很多方法可以选择，你可以不断地尝试，选出适合自己的。但一般来说以下3点是必须要注意的：

首先，要长期控制食量。一般来说，食量应掌握在七八分饱，不能到十分饱，更不能有饱胀的感觉。中国传统的中医养生也讲究"食不过饱"。长期控制食量是件比较困难的事情，最忌在坚持一两天或一段时间后，再大吃一顿，这样不仅不能达到控制体重的目的，还会损害身体的健康。人的胃是有伸缩功能的，如果能把控制食量长期坚持下来，胃的伸缩也会维持在相应的平衡状态下，人就不会再有太多的饥饿感，控制体重就成为身体能够适应的良性循环。

其次，要避免高脂肪和过油的食品。在我们日常饮食中，身体所需要的脂肪含量一般是足够的，不需要再额外补充脂肪。过多地摄取脂肪会造成身体脂肪堆积，严重影响身体健康和形体美。过油的食品不仅会使人长胖，还会加速皮肤的衰老，应该避免吃这些食品。

最后，最好不要吃甜食。在我们的日常饮食中，糖分的摄取已经很充足。所以，甜食在节日的时候稍微吃些就可以了，平时最好不要吃太多。

饮食是控制体重最为重要的一个方面，另外一个方面就是运动。选择一项适合你的运动，并且长期坚持下去，对控制体重也是非常有帮助的，而且还会让你的身体更健康、更有活力。将自己的体重控制在一个合理的范围之内，无论对于男人还是女人来说都是非常有益的，这会让你拥有形体美，也会让你的心态变得更年轻。需要特别注意的是，饮食控制体重时一定要注意营养的搭配和均衡，否则以牺牲健康为代价，可就得不偿失了。

面容修饰，铸出亮丽容颜

面容是人的仪表之首，也是最能动人之处，所以以面容的修饰是仪容美的重头戏，特别是在社交场合，对于面容的修饰更为重要。

由于性别的差异和人们认知角度的不同，男女在面容美化的方式、方法和具体要求上是不同的，他们有着各自不同的特点。

1. 男士面容的基本要求

男士面容最基本的地方，体现在胡须上。男士应该养成每天修面剃须的良好习惯。如果实在想蓄须的话，男士朋友们也应该从工作的角度出发，看工作是否允许，并应该经常修剪，保持卫生。不管是留小胡子还是络腮胡，整洁大方是最重要的。而没有留胡子的人，在出席各种公共场合或社交活动的时候，切不能胡子拉碴地去。

2. 女士面容的基本要求

一般来说，女士的美容化妆应特别注意如下几点：

（1）化妆的浓淡要考虑时间、场合的问题

随着时间与场合的改变，女士化妆应有相应的变化。白天，在自然光下，一般女士略施粉黛即可；在工作的时候也应以清新、自然的妆容为宜。而在参加晚间的娱乐的活动时，浓妆比淡妆更好。

（2）化妆治标而不治本，属消极的美容，应提倡积极的美容

面部的皮肤比我们想象中更娇嫩，任何不科学的外部刺激都会对其产生不同程度的损伤。正如大家所知道的，任何化妆品中都含有一定量的化学物质，这些化学物质对皮肤多少都会有不良的刺激。不少女士喜欢浓妆艳抹，这样也许会为她增添几分妩媚，但事实上，这是消极美容，会对皮肤产生一定程度的伤害。因此，要想使面容的仪表更好，最好的方法是采用体内调和的美容法。

首先，在生活中要多多参加户外体育活动，促进表皮细胞的繁殖，使表皮形成一层抵御有害物质的天然屏障。

其次，良好的心境与充足的睡眠也是不可少的。这对皮肤的新陈代谢有一定的作用，也会使面容有光泽。

再次，合理的饮食也不可忽略。多喝水，多吃富含维生素 C 较多的水果蔬菜等，少吃辛辣、高糖、高盐的食物。

最后，坚持科学的面部护理与按摩也是十分重要的。它能促进血液的循环，使面容更加红润健康。

无论男性女性，都应该注意自己的面容修饰，让亮丽的容颜增加你的吸引力。

迷人的双眼需要外护和内养

每一个人都想拥有美丽迷人、会说话的眼睛。眼睛不美，即使其他部位再美，也会失色。而如果眼睛明亮动人，那么其他部位即使差了些，也照样可以留给别人美的印象，因此，眼睛的美化是不可忽视的。要想拥有一双迷人的眼睛，就应当对眼睛加以特别的保护，不但使它美丽，而且要使它健康。所以，迷人的双眼需要外护和内养结合。除了化妆之外，基本的保养也是不可或缺的。

1. 外护

如果说眼睛是心灵的窗户，那么我们的眼睑就是它独一无二的窗帘，为眼睛提供保护和清洁。所以说，眼睛的保养，在很大程度上是指对眼部皮肤的护理和滋润。眼部周围的皮肤拥有的皮脂腺非常少，所以是最纤薄、最敏感的，很容易处于缺水的状态。想保持眼睑的平滑明净，要重视补充足够的水分。

每天早晚的眼部护理程序，尤其是在干燥的季节和环境中时更不能忽视。在早晨，轻柔的喱状眼部净化露、凝露是年轻肌肤最理想的选择，而在晚上可以选择更富有滋养以及修复作用的眼部精华液和眼霜。还有定期做眼膜能使眼部肌肤重获生机，让你的眼睛时刻如秋水般澄澈明净。

在眼部使用的产品最关键的原则是安全，一定要选用经过眼科检测的产品。对眼部的彩妆，一定要使用眼部专用的卸妆液，不仅卸妆快捷容易，也不会损伤到娇嫩的眼睛及眼部肌肤。当然即使是选对了产品，仍然要注意卸妆的手势应轻柔细致。

2. 内养

眼睛应有充分的休息，眼睛疲倦除了影响美丽之外，还会伤害眼睛，首先要知道怎样避免眼睛疲倦，其次疲倦了应当知道怎样休息。

一般造成眼睛疲倦的原因，第一是在光线不足的灯光下阅读；第二是做细小的工作，令眼睛太过专注而产生疲劳；第三是用不正确的方法看电视。阅读时光线要足够，在电灯下阅读，应该选择80～100瓦的灯光，电灯的位置应该高于视平线，书的位置应当放于灯的一边，才能避免反光，书与你眼睛应保持35～40厘米的距离。有些工作，如抄写、打字、统计、速记、做针线等，这类工作很容易使眼睛疲倦，所以做一段时间，应让眼睛休息2～3分钟，休息的方法是让眼睛看远处的东西，如墙壁、天花板，如果能凭窗眺望两分钟更好。

眼睛是对光线最敏感的器官，紫外线对眼部肌肤的伤害当然不用多说，同时过多的强光刺激还会增加患白内障的概率。养成在明亮的光线下戴太阳眼镜的习惯，这在保护眼睛的同时，也有效防止因强光照射引起的眯眼而使得皱纹提早出现。

眼睛明亮与否，与营养有密切的关系。食物与这种情形有很大的关联，一般而言，眼睛出现混浊的人，多是由于过分吃肉类、细粮类等食物，而含淀粉、鲜果、蔬菜等食物吸收太少。宜多吃有利于眼睛的食物和水果，例如鱼类、肝脏、橙汁等。

睡眠适量充足、精神愉快、身体健康，自然有动态美的表现。睡眠前若能够用鲜奶洗眼一次，也是最优良的美眼方法，用鲜奶来洗涤，一方面可将眼睛所留存的不需要物质清除，同时由于鲜奶含有酵素及种种营养成分，不只对眼睛有补充营养的作用，还有清洁作用。

茶因含有维生素 C，茶叶中的单宁酸也非常丰富，对清净眼睛都有很大的功效，睡眠前用茶洗眼一次，对眼的美丽极有效果，但以清茶类如水仙、龙井、寿眉等未经制炼的较佳，所以饮茶对美容也是一个良好的方法。

想要拥有闪亮迷人的眼睛，就行动起来吧，外护和内养一个也不能少。

细心修饰眉毛的美丽

眉毛对人形象气质的重要性非常大，想拥有一个好形象，就要从眉毛开始，进行美丽规划。

首先要根据眼睑缘形状，从内眦角沿着上睑的睫毛延至外眦角设计一条眼虚线，一般眉毛的弧度应该和这条眼虚线的弧度相平行。眉头的标准位置位于内眦角的正上方。两眉头之间的距离约相当于一只眼睛的长度。眉峰的位置在眉梢到眉头距离的外1/3，大约是在外眦角的上端。眉梢自眉峰起微微向下倾斜，眉梢的末端和眉头应该大致在一条水平线上。

眉毛位置与眼、鼻、唇之间还有一定关联：

（1）眉头与内眦角和鼻翼外缘应该在一条垂直线上。

（2）眉峰与外眦角应该在一条垂直线上。

（3）眉梢、外眦角、鼻翼和唇峰四点应在一条斜直线上。

无论是画眉还是修眉，都应该注意这些位置关系，然后再结合自己的脸形设计不同的眉形。如果眉头过于向脸的正中靠近，往往显得很凶，让人觉得很紧张、严肃；如果眉头过于远离脸中线，也会显得"苦相"。眉峰位置的高度，以及眉峰与眉头、眉梢之间的关系，也直接影响着人的外貌。眉峰到眉头有一定斜度的人，显得有英气。眉梢越高，脸显得越长；眉峰低，脸形会显得较宽。

眉梢的位置对人的脸形也有影响。比较平的眉梢，可以缩短并加宽脸形，给人文雅的感觉；向上挑的眉梢，给人感觉活泼，但过分向上挑，则给人感觉比较"愤怒"；眉梢向下斜，给人以温柔感，但过分向下斜又不美观。

为了更彻底地修眉，很多女性不顾疼痛，选择用小镊子拔除多余的眉毛，但是这样做的结果是：长出的眉毛更加杂乱，眼皮还会出现松弛的现象。因为眉毛长在眼眶上缘，这个部位的肌肤本来就很脆弱，拔眉毛时的反复拉扯动作很容易令肌肤松弛、产生皱纹。而且眉毛周围神经血管比较丰富，若常拔眉毛，易对神经血管产生不良刺激，使面部肌肉运动失调，从而出现疼痛、视物模糊或复视等症状，还有引发皮炎、毛囊炎的可能。

此外，眉毛拔除后，使毛囊张开，而如果不及时采取收敛护理。很容易感染发炎，造成红肿或暗沉。所以修眉最好是用眉刀刮，而不是拔。

别让残余唇色毁坏优雅形象

莉莉是个爱美的女孩儿，今年刚刚大学毕业，在一家外贸公司上班，每天早上莉莉都会早起一个小时用来穿衣化妆，打扮得漂漂亮亮才出门。这天早上莉莉约了一位客户谈生意，到了约会地点时，客户与她打完招呼后，就仔细打量着她，说道："莉莉小姐真是劳累啊，一看就是没休息好，嘴唇都没有血色。"莉莉心想：我休息得很好啊，而且早上明明化了妆，为什么嘴唇没有血色呢？她来到洗手间一看，原来是口红掉色了，色彩不匀的嘴唇看上去是有些苍老，看来口红也有副作用啊！

也许很多女性都有过这样的经历：饭前，唇部的妆容好好的；饭后，只剩下嘴唇边缘一圈，十分尴尬。这样除瞬间破坏自己精心打造的优雅形象外，还会影响自己的心情，真是得不偿失。但是，有时候又不能不化妆，这该怎么办呢？

也许商家早想到了这一问题，所以推出了"不脱色口红"，但这类产品大多色泽比较暗淡，而且在卸妆的时候还会给唇部造成额外的负担。那么，怎样才能避免出现用餐过后唇妆脱色这样令人尴尬的事情呢？有没有什么简单的方法让普通口红也能做到"不脱色"呢？

你可以从化妆手法上着手，即：唇线笔＋口红＋珠光。先用唇线笔涂抹整个唇部，像平时化妆一样用口红涂抹整个唇部，再涂上珠光，以增加立体感。

这种化妆手法的秘诀在于将涂抹唇线的范围扩大，从原来描画嘴唇的轮廓部分，改为涂抹整个唇部。这样一来，即使口红或者珠光的部分稍微脱落一点也不用特别担心，因为唇线笔打出的底色可以一直陪伴你坚持到最后。用这种办法你完全可以从"唇妆脱色"的噩梦中解脱出来，放心地用餐了。

还要注意的是，由于各种原因，我们的嘴唇会出现脱皮的现象，无论怎么涂口红还是很难看，于是有人就用手撕翘起的唇皮。这是个很不好的习惯，手上有很多细菌，唇皮一旦被撕破导致流血，很容易感染细菌。

其实，嘴唇干燥的原因大概有以下几种：暴饮暴食导致胃黏膜状态不好、缺乏维生素 E、食用过多辛辣的食物、在太阳下暴晒、长时间待在干燥的环境中，等等。

针对这些情况，推荐大家使用蜂蜜。其实很早以前就有人建议往干燥的嘴唇上涂抹蜂蜜，而且含有蜂蜜成分的唇膏也已经问世。蜂蜜是天然的滋润剂，所以舔进嘴里也不必担心。请大家一定要试着做做蜂蜜面膜，家中也应常备蜂蜜。

先在嘴唇上涂抹足量的蜂蜜，然后按照嘴唇的大小剪一块保鲜膜盖在唇上，保持约 5 分钟，嘴唇就会变得很滋润。

爱美的你，一定要记得给嘴唇做好护理和美化工作，千万别让翘起的唇皮和残余的唇色破坏你优雅完美的形象哦！

保护双手就是保护你的第二张脸

在招待客人端茶给对方时，在签字仪式上众目注视时，如果你的手非常漂亮，不但可表现出自己的魅力，同时也会让他人觉得非常舒服。这样一来，岂不是又为成功多增加了一个机会？因此，健康美观的双手是你绝对不可以忽视的部分。

当然，别人看到你的双手，就不可避免地要看到你的指甲，因此，保持指甲的良好状态也是保护双手不可缺少的。

你应该经常修剪指甲，在职场中或是商务交往等场合，没人喜欢留着长指甲的人。指甲的长度，不应超过手指指尖。修指甲时，指甲沟附近的"爆皮"要同时剪去，不要用牙齿啃指甲。在任何公众场所修剪指甲，都是不文明、不雅观的举止。

时下，很多女性都喜欢给自己的手指涂上各色的指甲油，如果在工作之外的场合，涂一点也无妨，但在工作场合，你就需仔细考虑一下了。

如果想让你的手指看起来比较修长，可把指甲稍微磨尖，同时使用一种透明稍带粉红或肉色的指甲油来增加效果，不仅仅是因为这些指甲油的颜色和所有衣服的颜色都很般配，还因为一旦指甲油脱落，看起来也不会太明显。

你可以每月光顾几次专业的美甲店，这样不用花太多时间就能让你的指甲美观一点。经过专业护理的指甲会在你每次看到自己的手时，都会增添一份自信。

如果你由于各种原因不能让专业的美甲师给你设计整修指甲，那么就要靠你自己了，可千万不要找借口对自己的双手置之不理啊，它们可是你的第二张脸。以下提供几条针对指甲的小"规则"，希望你能好好借鉴一下：

（1）长度：手指甲长度不能超过 2 毫米。

（2）缝隙：不能有异物。

（3）习惯：养成"3 天一修剪，每天一检查"的良好习惯。

（4）美甲：日常生活中，涂指甲油要均匀、美观、整洁，不能出现斑驳陆离的现象。

（5）行规：服务行业上班时不允许涂指甲油或只允许涂无色的指甲油。

手的美没有绝对的标准，但对年轻的女子来说，理想的手要丰满、修长、流畅、细腻、平滑，它应具有一种观感上形态的美与接触中感觉的美，因而要对手部进行清洁、保养和美化。

人的双手因为长时间暴露在空气中，而且还要去做各种各样的劳动，因此手部皮肤特别容易干燥、老化。因此就要时刻注意对手部皮肤进行保养，平时饮食要注意营养的摄取，多食富含蛋白和纤维素的食物，少食辛辣食物，多饮水，禁烟。要注意劳逸结合，保证充足睡眠，保持精神愉快。要少晒太阳，烈日下撑伞遮光，如果对光过敏还要外余防晒霜。搽化妆品时要选择适合自己皮肤的品牌。

美腿凸显修长身材

大、小腿由粗变修长的方法

修长、匀称且协调的双腿，给人以美感。如果你的大腿太粗或过细，小腿过细或过粗，都会给人带来不愉快。女性的腿外露机会很多，腿部的健美更有必要。

1.大腿太粗的锻炼方法

（1）仰卧，两臂体侧伸直，两脚做模仿蹬自行车的动作，主要是两条大腿用力蹬直。腿弯曲时肌肉要充分放松，节奏要快，一开始每分钟蹬 40 次，以后可逐渐加快节奏增到 150 次。

（2）仰卧，两腿放松，稍屈上举，两臂体侧伸直，做两腿交叉动作，即左腿在右腿前，接着右腿在左腿前，节奏要快。同时做到放松，随意呼吸，做150次。

（3）仰卧，两腿并拢伸直，两臂体侧伸直，掌心向内。两腿迅速弯曲，两膝贴胸，两手抱膝，吸气，然后慢慢还原到开始的姿势，呼气，做5～8次。

（4）站立，两臂自然下垂伸直。一开始为便于做动作，两脚左右分开站立，但以后两脚间距离可逐渐缩小。上体前屈，两手尽力触地，两腿保持伸直不动，吸气，然后还原到开始的姿势，呼气，做5～8次。

2. 小腿太粗的锻炼方法

（1）足跟提起，用足尖行走。

（2）足跟不着地的跳绳。

（3）在沙坑内做连续向上的弹跳。

（4）肩部负重足尖行走。

（5）肩部负重原地弹跳。

锻炼时要逐渐增加强度和密度，每次练到疲劳为止，而且要持之以恒。另外，游戏、跳舞、打球、踏自行车等，都能使小腿修长。

给小腿减肥

如果能去掉腿部因循环不良所引起的淤血，再借助由运动送入的良好的血液，就能让腿部呈现出美丽健康形态曲线。

想瘦小腿，先要检查自己小腿的肌肉是松驰还是紧绷。若有肌肉紧绷的话，要瘦就会较困难。所以首要的减小腿计划，要由打松结实的小腿肥肉开始。

方法一：平日可坐在地上，将一只腿抬高成直角，涂上促进微循环、紧肤消脂的纤体产品并用拳头拍打小腿，或以手掌按摩，每边做 10 分钟即可。

方法二：睡前将腿抬高，成九十度，放在墙壁上，二三十分钟再放下，将有助于腿部血液循环，减轻腿部浮肿。

站姿、走姿美腿方法

1. 站姿

（1）左脚往前呈弓步，身体重心转移至左腿，右脚绷直，保持 15 秒。左右轮流 15 次，可让大腿内侧脂肪减少。

（2）以基本姿势站立，双手叉腰，两脚向左右跨开，背脊挺直，臀部夹紧，向下蹲马步。重复 20 次，可美化腿部线条。

2. 走姿

常常用脚尖走路，以脚尖支持全身的重量，把腿部的肌肉尽量拉长，并且稍倾向前，用手叉腰，把双脚尽量向前踢和向后踢，就能收到美腿的效果。

动感单车骑出你的腿部线条

起源于美国的"动感单车"是一个很受欢迎的有氧运动项目，这种单车之所以称为"动感"，是因为其音乐的动感力强，而周围的模拟环境也很特别，配合单车本身的新潮设计，让人感觉置身于科幻世界之中。

单车的设计是模仿日常所骑的自行车制造的，前面是一个很大的飞轮，这个轮子很有分量，这样骑起来会有些阻力。车上有一个调节阻力大小的摩擦片，可以调节不同的训练强度。座位、手柄和速度都可以根据骑车人的身体比例来调节。

具体的方法步骤如下：

（1）5分钟的热身，35分钟的主要训练，再加上5分钟的放松动作。

（2）15分钟的时速单骑等于40分钟的慢跑，不仅可减脂，还可提高心肺功能，令腿、臀部的线条更美。

动感单车最大的功效就是让你最大限度地流汗，这样就可以很轻松地将身体里的毒素排掉，并且减掉脂肪，减脂也就在不知不觉中完成了。

穿拖鞋可以美腿

长期困坐于电脑桌前的上班族们，因为缺乏运动，容易造成臀部与腿部肥胖。英国著名体操家、电视明星苏珊娜女士发现穿拖鞋对腿部健美有微妙的作用，可使踝、小腿和大腿变得匀称健美。因为穿稍微宽松的拖鞋走路，会迫使人们动用平时用不上的腿部肌肉，脚趾必须"抓"着才能防止拖鞋脱落，不仅锻炼了腿肌，还有助于腿脚肌肉的协调活动、促进腿部的血液循环。

但是，穿拖鞋式凉鞋的鞋跟不宜太高，那样走起路来，着力点会转移到前脚掌，容易摇摇晃晃、重心不稳，从而导致足部伤害。美国人所钟爱的高跟拖鞋的鞋跟高度一般约在三四厘米之间。

美胸让你丰满自信

让乳房轻松挺起来

（1）牵拉运动：采取站或坐的姿势，两臂放于身体内侧，缓慢地向两边举起，达到头、肩之间高度后，再缓慢向前举，直到两臂快要相碰时停止；之后两臂分开，还原并使肌肉放松。如此反复慢移 5～8 次。

（2）反支撑挺身：坐在椅上，两臂撑于椅两侧。上体后靠，重心移至手臂，同时两腿伸直，臀部紧缩向前提髋，抬头挺胸，使身体成直线，持续 5 秒钟还原。注意自然呼吸，两臂和身体均伸直。

（3）挺胸运动：跪立，两臂自然下垂。上体后移，臀部坐在脚跟上，同时呼气。两臂胸前平屈，手背相对，手指触胸，含胸低头。然后重心前移，挺髋，上体立起，同时吸气，两臂肩侧屈（手心，五指张开），抬头挺胸。反复进行此动作。

（4）俯卧运动：俯撑，双脚分开与肩宽。上体下压，两臂弯曲置体侧，使上臂与地面平行，然后吸气，两臂用力撑地将肘关节伸直，同时抬头挺胸，还原成预备姿势，呼气。每次尽力重复数次。

（5）仰卧运动：仰卧在床上或长椅上，双手握哑铃，两臂平伸，依靠胸肌收缩力直臂上举，然后放松还原，每分钟重复做20～30次。

（6）床上运动：俯卧于床边，将胸部伸出床外，然后上半身抬起，双手交替做"划水"的姿势。每分钟10～15次。

做个丰胸俏佳人

丰满的胸部是女子线条美的特征，乳房对女子胸部健美起着决定性作用。要使胸部丰满而富有弹性，首先要锻炼胸壁肌肉，因为发达的胸肌肉是支托乳房的基础。

胸部锻炼有很多种，除了去健身房锻炼之外，时常做一些小运动也是一种不错的方法。

这里教你几种在不同场合都能够进行的健胸运动。

（1）沐浴是很多人的爱好，但是少有人能够养成利用沐浴来健身的习惯。其实沐浴时是健胸的好时机，利用热水喷射胸部，同时按摩皮肤，促进血液循环，能够预防胸部松弛。

（2）对于经常伏案工作的白领女性来说，利用椅子来锻炼不失为一个好方法。方法是用双手扶着椅背，做突出胸部的运动。此举有利于加强胸部的韧带组织。

（3）睡觉前，在床上俯卧，胸部以上伸出床外，抬起上半身，然后双手有如蛙泳般做划水动作。

传统法美胸

（1）饮食清淡：不偏食、不挑食，合理摄取营养是预防乳腺疾病的有效手段。

（2）坚持哺乳：不进行或不经常进行母乳喂养的女性患乳腺癌的几率要高于与之相反的女性。一些女性为了体形美等因素，不愿用母乳喂养孩子，结果使激素分泌加快，导致各种妇科疾病的发生。哺乳时间在 8 个月左右，是不会影响乳房健美的。

（3）顺应自然规律：城市女性的西方化问题引起全社会的关注，为减少罹患乳腺疾病及妇科疾病，女性应顺应自然规律，不要滥用嫩肤美容、丰乳产品。

（4）维生素是天然美乳品。维生素 E 可促使卵巢发育和完善，女性应该注意多摄取一些富含维生素 E 的食物，如卷心菜、菜心、葵花籽油、菜籽油等。维生素 B 是体内合成雌性激素不可缺少的成分，富含维生素 B_2 的食物有动物肝、肾、心脏、蛋类、奶类及其制品；富含维生素 3_6 的食物有谷类、豆类、瘦肉、酵母等。

（5）良好的姿势让胸部更动人：走路时保持背部平直，收腹、提臀；坐时挺胸抬头，挺直腰板，这样胸部的曲线就会显得更动人。长期坐办公室的女性，伏案时胸部不要与桌边贴近，应与书桌相距 10 厘米左右；睡觉时以侧卧为好，且左右轮换侧卧。

（6）文胸大小、质地要合适：正确选用适合自己的文胸，可以起到衬托、固定乳房的作用，从而避免因乳房过分摇动而引起韧带松弛、下垂甚至病变。选择文胸时应根据自己的体型以及乳房大小选用适中的，同时还要观察文胸的材质，一定要选择透气材料制成的，一般主张戴棉布或真丝面料的乳罩。

（7）锻炼、按摩不可少：做一些俯卧撑及单、双杠运动以及游泳，或者每天早晚深呼吸数次，也可以促进胸部发育。

每个月丰胸时间有讲究

从月经来的第 11、12、13 天，这三天为丰胸最佳时期，第 18、19、20、21、22、23、24 七天为次佳的时期，因为在这 10 天当中影响胸部丰满的卵巢激素是 24 小时等量分泌的，这也正是激发乳房脂肪囤积增厚的最佳时机，在此时间段进行健胸运动、按摩等，适时的激发乳房都能使乳房慢慢增大。与此同时，适量摄取含有动情激素成分的食物，如青椒、番茄、胡萝卜、马铃薯以及豆类和坚果类等，多喝牛奶，能获取更好的丰胸效果。

使乳房自然丰满的有效方法

决定乳房发育大小的是乳腺，因为女性的胸部主要是由乳腺外覆盖脂肪而形成的。女孩子在青春期（一般在 16 ~ 18 岁）是胸部发育的顶峰，乳房坚挺而富有弹性。20 岁以后，脂肪逐渐增多、胸部变得柔软而丰满。25 岁以后，尤其是哺乳以后，如果不注意乳房的保护，就会因脂肪增多、乳腺萎缩而造成乳房松弛。

乳腺主要由两种激素促成乳房的发育。一是雌性激素，这与妊娠有直接关系。另一个医素是从皮肤直接刺激乳腺，刺激部位以乳房上下侧至腑下间的皮肤位置尤为见效。

（1）方法步骤一：由内而外做圆形按摩。双手握住乳房，轻轻震动，由乳下轻轻拍打，双手交替由胸颈处向上按摩。

（2）方法步骤二：用右手掌面从左乳房根部至右肋骨、左锁骨自上而下，自外而内地按摩，共做60下，然后按上述方法用左手按摩右乳房。

（3）方法步骤三：一手放在乳房下侧，从胸谷向腋下按摩，然后再由腋下向外按摩；另一手放在乳房上侧，由腋下向胸谷柔和移动，两手向对进行。按摩20次再换一侧。以上为旋转按摩法。此法可以促进胸肌多活动，使乳腺发达，起到隆胸的作用。

先用右手托住右乳房，再将左手轻放右乳房上侧。右手沿着乳房线条之势用掌心向上托，左手顺着圆势向下压。进行20次再换一侧。以上为轻压法。此法对整个乳房发育有益处，还可增加乳房弹性。

按照上述方法坚持三个月，可使乳房隆起2厘米。同时请不要忘记沐浴时的按摩。

少女丰胸特效食物

青春期女性一定要注意营养摄取，不要刻意减肥，在维持适当体重的情况下，胸部才有较好的条件发育，毕竟乳房主要为脂肪构成。在持续发育的关键性阶段（10～18岁），必须多摄取下列食物：

（1）木瓜、牛奶：木瓜、牛奶都有助于胸部发育。另外，青木瓜、地瓜叶和各种莴苣，也都是效果不错的丰胸蔬果。

（2）种子、坚果类食物：含卵磷脂的黄豆、花生等，含丰富蛋白质的杏仁、核桃、芝麻等，都是良好的丰胸食物；玉米更是被营养专家肯定为最佳的丰胸食品。

（3）富含维生素A的食物：如花椰菜、甘蓝菜、葵花子油等，有利于激素分泌，可帮助乳房发育。

（4）富含B族维生素的食物：富含B族维生素的食物。如粗粮、豆类、豆奶、猪肝、牛肉等，有助于激素的合成。

（5）富含胶质的食物：富含胶质的食物如海参、猪脚、蹄筋等，也都是丰胸圣品。

第五章

既要穿出品位，
又要打扮时尚

学会用衣服来掩饰臀部的缺陷

李文是个非常爱美的人，对穿衣打扮十分讲究，家里的衣柜里塞满了她购买的衣物。一个周日，她要去参加同学聚会，大早上起来就开始翻箱倒柜地搭配衣服，想穿得漂漂亮亮的，在同学们面前保持以往的风光。可是，她试了二十几套衣服，还是觉得自己穿得很臃肿，她看了又看，想了又想，终于发现是臀部下垂的原因导致她穿上以前的这些衣服没有了以往的光彩。看来身材变了，衣服也得跟着变了，不然怎么看都不顺眼。

和李文一样，很多女性，特别是职业女性，因为经常久坐和年龄的增长，臀部会有不同程度的下垂。臀部下垂的人一定要知道如何用衣服来掩饰不足，才能让你更加精神有型。

臀部下垂者可利用短圆裙和阔褶的长裙拉长身形线条；也可以利用深色无花样的长裙和格子裙掩饰缺点；还可以选择穿有后袋的长裤或短裤。

美化掩饰下垂的臀部的各种方法中，以细褶或收腰的长白衬衫盖着冷色系裙子的掩饰方法最简单又最漂亮。这种格子裙的腰侧皮带，是掩饰臀部下垂的重点。上半身设计简单的服饰和其他饰物，可强调裙子的效果。

还可以利用裤子后面的口袋及皮带来掩饰。将上衣束入有后袋的裤子，并以深色的皮带束着，颇具立体感，这样的穿法相当出色。

选择裙子掩饰臀部时，阔褶的长裙最为理想，上衣则选择同一色系的服装。这款组合整体轻便，显露出时髦。

贴紧臀部的窄裙、直筒裙　不适合臀部下垂者穿着，而摇曳生姿的及膝圆裙才是最佳选择。

让身高不再是美丽的距离

很多人为自己长得矮小而烦恼，他们认为身材矮小让自己与美丽产生了距离。其实个子矮小的人完全可以凭借衣服让自己看起来更高些，而完全不必为比烦恼。掌握了下面这些穿衣方法，你就能显得更高，更有自信！

1. 穿对颜色就显高

一般来讲，浅色比深色显高，暖色比冷色显高，艳色比浊色显高，从人对色彩视觉感知和心理感知来讲，浅色、暖色、艳色都是膨胀色，深色、冷色、浊色都是收缩色。所以，个矮的人应多选择穿浅色、暖色和艳色的服装，尽量回避深暗、灰浊的色彩。并且全身服装色调最好相同或相近，这样可以修长身形，如果色彩搭配对比太强烈，个子就会显得矮。上下身不同颜色的衣服也可以穿，但要注意颜色面积的比例，上下身颜色的面积比例以2：3或3：2为宜。最好上浅下深，把别人的注意力引向头部或肩部。

同色的鞋和袜，或式样简单、狭长的裤子可使腿部看起来修长，以增加身体高度感。高跟鞋的式样宜斯文大方，丝袜不宜过花、过浅。

2. 选对款式就显高

个子矮的人在选择上衣时应避免选择过长、过复杂的款式，简洁大方的短款或不到膝盖的直线条小长款能起到拉长身段的效果，让你看起来干练而不拖沓。选择裤子时最好避免过于肥大的裤型，选择直筒裤或小微喇，采用短衣配长裤，就能在视觉上起到拉长腿型的效果。还有一个小细节要注意，裤袋的开口应尽量以纵切线或斜切线来代替横切线，因为纵向线条会显高，线条越少越显高，而横切线往往会显矮、显胖。

如果你喜欢穿裙子，裙子的长度很重要，最好不要超过膝盖，太长的裙子会显得更矮。若穿衣裙套装，上衣或外套的长度最好在臀部最宽处3厘米以上，或刚刚长及腰部，这样会使人看起来较高。裙子上千万不能有印花或绣花等，以免穿上后显得又矮又胖。

3. 挑对面料就显高

个子矮的人选择服装面料以光滑平整为佳。服装式样也应尽可能地简单，但一定要制作精致，上装的腰线可以略微提高一点。衣料可选择柔软贴身的那种，使穿起来的你有种颀长的感觉。衣料的图案、花纹宜小而碎，颜色不必太抢眼。

另外，单襟、直褶都适合矮个子的你。而脚花、带子缚上足踝的鞋子都应避免。佩戴的珠宝饰物也不宜过大，而丝巾或领带会使人看起来文雅而修长。

记住，个子矮的人只要懂得一些服装的搭配方法，保持你的自信与苗条身材，你一样可以吸引别人的目光。

套裙——打造职场女性的优雅魅力

套裙是西装套裙的简称，一般分为两种基本类型：一种是用女式西装上衣和随便的一条裙子进行的自由搭配组合成的"随意型"；一种是女式西装上衣和裙子成套设计、制作而成的"标准型"。套裙是最适合职业女性在正式场合穿着的裙式服装，可以塑造出职业女性端庄干练的形象。

关于套裙的选择，有下列几点需要注意：

1. 质地

一套在正式场合穿着的套裙，应该由高档面料缝制，上衣和裙子要采用同一质地、同一色彩的素色面料。在造型上讲究为着装者扬长避短，所以提倡量体裁衣、做工讲究。上衣注重平整、挺括、贴身，较少使用饰物和花边进行点缀。裙子要以窄裙为主，并且裙长要到膝盖或者过膝。

2. 颜色

套裙的颜色应以冷色调为主，清新、淡雅、凝重，以体现着装者的典雅、端庄和稳重。藏青、炭黑、茶褐、土黄等稍冷一些的色彩都可以。不要选鲜亮抢眼的。有时套裙的上衣和裙子可以是一色，也可以是上浅下深或上深下浅等两种不同的色彩，这样形成鲜明的对比，可以强化它留给别人的印象。

3. 图案

正式场合穿的套裙，要讲究朴素而简洁，可以不带任何图案。以方格为主体图案的套裙，可以使人静中有动，充满活力。套裙上尽量不要添加过多的点缀，否则会显得杂乱而小气。如果喜欢，可以选择少而且制作精美、简单的配饰物。如穿着同色的套裙，可以用和套裙不同色的衬衫、领花、丝巾、胸针、围巾等衣饰来加以点缀，显得生动活泼。另外，还可以采用不同色彩的面料，来制作套裙的衣领、兜盖、前襟、下摆，这样也可以使套裙的色彩看起来比较活泼。为避免显得杂乱无章，一套套裙的全部色彩不应超过两种。

4. 长短

套裙的上衣和裙子的长短没有明确的规定。一般认为裙短不雅，裙长无神。最理想的裙长，是裙子的下摆恰好抵达小腿肚最丰满的地方。套裙中的超短裙，裙长应以不短于膝盖以上15厘米为限。

关于套裙的穿着和搭配，还应该注意以下几点：

1. 大小

套裙的上衣最短可以齐腰，裙子最长可以达到小腿中部，上衣的袖长要盖住手腕。

2. 端正

套裙属于正式服装，一定要穿得端端正正。上衣的领子要完全翻好，衣袋的盖子要拉出来盖住衣袋或披、搭在身上；衣扣一律全部系上，不允许部分或全部解开，更不允许当着别人的面随便脱下上衣。

3. 场合

女士在各种正式活动中，一般以穿着套裙为好，但当出席宴会、舞会、音乐会时，就可以选择和这类场面相协调的礼服或时装。在这种场合还穿套裙的话，会使你和现场风格"格格不入"，还有可能影响别人的情绪。

4. 妆饰

穿套裙一定要注意着装、化妆和配饰的风格统一，维护好个人的形象，不能不化妆，但也不能化浓妆。选配饰也要少，在工作岗位上，不佩戴任何首饰也是可以的。

5. 仪态

当穿上套裙后，站要站得又稳又正。就座以后，务必注意姿态，不要双腿分开过大，或是跷起一条腿来，抖动脚尖；更不可以脚尖挑鞋直晃，甚至当众脱下鞋来。走路时不能大步地奔跑，而只能小碎步走，步子要轻而稳。拿自己够不着的东西，可以请他人帮忙，千万不要逞强，尤其是不要踮起脚尖、伸直胳膊费力地去够，或是俯身、探头去拿。

6.衬裙

穿套裙的时候一定要穿衬裙。特别是穿丝、棉、麻等薄型面料或浅色面料的套裙时，假如不穿衬裙，就很有可能使内衣"活灵活现"。

衬裙可以选择透气、吸湿、单薄、柔软面料的，而且应为单色，如白色、肉色等，必须和外面套裙的色彩相协调。不要出现任何图案。大小也要合适，不要过于肥大。

另外，穿衬裙的时候裙腰也不能高于套裙的裙腰，不然就暴露在外了。要把衬衫下摆掖到衬裙裙腰和套裙裙腰之间，不可以掖到衬裙裙腰内。

穿套裙时，要注意鞋袜的选择。首先，用来和套裙配套的鞋子，应该是皮鞋，并且黑色的牛皮鞋最好。和套裙色彩一致色彩的皮鞋也可以选择。袜子，可以是尼龙丝袜或羊毛袜，肉色、黑色、浅灰、浅棕色都可以，避免艳丽的颜色。

鞋、袜、裙之间的颜色要协调。鞋、裙的色彩应深于或略同于袜子的色彩。不论是鞋子还是袜子，图案和装饰都不要过多。一些加了网眼、镂空、珠饰、吊带、链扣，或印有时尚图案的鞋袜，只能给人肤浅的感觉。另外，穿套裙时要注意不要暴露袜口。暴露袜口，是公认的既缺乏服饰品位又失礼的表现，特别是穿开衩裙时一定要注意。

总之，一套适合自己的套裙，可以让职业女性看起来专业而不失女性风韵，拥有干练而不失优雅的魅力形象。

不合时宜的性感会削弱你的权威和信任度

过分的性感是商业会晤和事业成功的杀手，但是，不修边幅的、不在乎外表的习惯也一样是抑制女人事业发展的因素。而这正是在一些中国女性中所常见的。她们忽略甚至完全不在乎自己的外表，常常不修饰自己，穿着质量低劣、没有风格和品位的服装就走进了办公室的大门。

很多女人依靠自己的本能，选择了自己认为最得体的服装。还有很多女人在对服装的选择中，并不考虑服装对于事业的影响，而仅仅考虑到实用和舒适。更加让人遗憾的是，当一个女人穿衣不当、不修边幅时，却很少会有人直率、真诚地告诉她，这样的着装会破坏她的事业发展。因此，很多就就业业的女人根本不知道自己的事业长期停滞不前的重要原因。

还有一些人，喜欢穿过分性感的衣服，比如透装或露装。透明的衣装已成为当今城市夏天一个美丽的时尚重点。但是，如果不懂区分场合，"透""露"装的情形就更为微妙，往往让人好生尴尬。比如，有的女性喜欢把"透""露"装穿到办公室里去，这不仅与办公室的气氛格格不入，降低了办公的效率，还有损自己的形象。

在我们的生活中，很少有人告诉我们女人在各种场合下应该如何着装，没有人告诉我们着装不当的恶劣后果，我们的意识中没有这样的概念：引人注目的、高质量的、有品位的外表让别人尊重你，女人的着装反映了一个女人的能力，出色的外表对女人的事业起着推波助澜的作用。因此，很多女人并不对自己的外表付出任何努力，其结果是她们自己的事业付出了代价。

性感的女人能吸引更多的目光，因此，很多女士都喜欢把自己装扮的性感一些，然而并不是任何时候的性感都能取得良好的效果。因此，女性在职业着装时，应该特别注意，不要让不合时宜的性感削弱了你的权威和信任度，损坏了你的职业形象。

用衣服包装自我，用自信打动他人

美国商人希尔在创业之初，就意识到了服饰的作用，他清楚地认识到，商业社会中，一般人是根据一个人的衣着来判断对方的实力的，因此他首先去拜访裁缝。靠着往日的信用，希尔定做了3套昂贵的西服，共花了275美元，而当时他的口袋里仅有不到1美元的零钱。然后，他又买了一整套最好的衬衫、衣领、领带、吊带及内衣裤，而这时他的债务已经达到了675美元。

每天早上，他都会身穿一套全新的衣服，在同一个时间里、同一个街道与某位富裕的出版商"邂逅"相遇，希尔每天都和他打招呼，并偶尔聊上一两分钟。这种例行性会面大约进行了一星期之后，出版商开始主动与希尔搭话，并说："你看起来混得相当不错。"

接着出版商便想知道希尔从事哪种行业。因为希尔的衣着所表现出来的这种极有成就的气质，再加上每天一套不同的新衣服，已引起了出版商极大的好奇心，这正是希尔盼望发生的情况。希尔于是很轻松地告诉出版商："我正在筹备一份新杂志，打算在近期内争取出版，杂志的名称为《希尔的黄金定律》。"出版商说："我是从事杂志印刷及发行的，也许我可以帮你的忙。"

这正是希尔所等候的那一刻，而当他购买这些新衣服时，他心中已想到了这一刻。后来，这位出版商邀请希尔到他的俱乐部和他共进午餐，在咖啡和香烟尚未送上桌前，已"说服了希尔"答应和他签合约，由他负责印刷及发行希尔的杂志。希尔甚至"答应"允许他提供资金并不收取任何利息。

发行《希尔的黄金定律》这本杂志所需要的资金至少在3万美元以上，而其中的每一分钱都是从漂亮衣服所创造的"幌子"上筹集来的。

希尔的成功很有力地证明了衣着对一个人的巨大作用，如果当初他根本不注重衣着，那么那位出版商肯定连看都不愿看他，更不会帮他出版杂志了。

据社会心理学家估计，第一印象的 93% 是由服装、外表修饰和非语言信息组成。服饰是一种无声语言，不但能给对方留下一定的审美观感，而且它还能反映出你个人的气质、性格、内心世界。它在很大程度上决定了别人对你的喜欢程度。

美国的心理学者雷诺·毕克曼做了以下有趣的实验：在纽约机场和中央火车站的电话亭里，在任何人都可以看到的地方，放了 10 美分，等到一有人进入电话亭，约 2 分钟后敲门说："对不起，我在这里放了 10 美分，不知道你有没有看到？"结果退还钱的比率差异较大，询问者服装整齐时占 77%，而询问者衣服较寒酸时则占 38%。

因此可以看出，衣服一定程度上决定了别人对你的印象和态度。一套得体的服装会带给你自信，从而使别人更愿意与你交往。着装艺术不仅给人以好感，同时还直接反映出一个人的修养、气质与情操，它往往能在尚未认识你或你的才华之前，向别人透露出你是何种人物。因此，在这方面稍下一点工夫，是会事半功倍的。

所以，你要学会用服装来包装自我，选择带给你自信的优质服装，不但可以掩盖你身材的不足，还可以衬托形体的优势，并在心理上消除由于对外表不满带来的焦虑。优质的服装还可以积极地调整穿衣者的态度，它有强烈的暗示作用，在心理上提示自己表现得要如同自己的服装一样出色。另外，它还能够增加着装人的成就感，让你表现得自豪、沉着、优雅。

因而，你不一定穿自己喜欢的衣服，但你一定要穿让你自信的衣服，它绝对会在很多层面上影响你的工作、你的生活。你穿着自信的衣服时，你在 3 秒钟之内可以抓住别人的视线；如果你抓住别人的视线，你在 3 分钟之内才可以得到别人的注意力；如果你得到别人的注意力，才有后面 30 分钟跟别人交谈的机会。所以每天出门的时候，你要先照一下镜子，看看自己有没有穿着吸引别人的服装。

衣着对一个人的影响非常大，一个不讲究衣着、对衣着缺乏品位的人，人际关系的效果势必会受到影响。因此，你若想有个好形象，从现在起，请立即注重你的衣着。用衣装来包装自我，用自信来打动他人。

选对衣服穿出个性品位

选衣服绝对是一门学问。虽然我们没有服装造型师那么的专业，但是用心琢磨这门学问还真可以让你受益匪浅呢。

1. 自己喜欢的，并不是最好的

作为平常人来说，大多没有经受过专业的有关时尚方面的训练，所以大多数自己喜欢的穿着方式。从时装的角度来看，往往并不是入流的，有些甚至可能是恶俗和低劣的，回想一下大街上的某些镜头，真的是这样。所以，不要认为自己的就是最好的，就是必须坚持的。能领导潮流的人毕竟只是少数，而且必须是有时尚功底的才又可能完全做到。

2. 时尚品位需要不断的"学习"

每个人喜欢和偏爱的东西，比如花布裙、蕾丝、蝴蝶结等等，它们本身并没有错，关键还是看组合的方式，就是如何用时尚的而且是适合自己的方式表达出来。了解时尚讯息是最最关键的一步，也绝对是最快捷的一种方法。找一本适合自己风格和穿着的服饰书固定下来，每个月买一本就可以了。

3. 固定服装品牌

商场的衣服琳琅满目，但是我们必须要记住的是：并不是所有的衣服都是适合你的。适合一般主要表现在价位和风格上。要尝试着尽快确定价位和风格都合适的 3 ～ 4 个品牌，并尽量尝试着固定下来。固定的意思并不是说每一件衣服都挑选这些品牌之内的，但是外衣（就是外套、大衣、西装等）必须尽量选择这些品牌。因为外衣往往是个人服饰风格最关键的部分，也是最能体现个人品位的。

4. 固定着装风格

对于 25 岁以上的普通人来说，一般应该开始着手尝试并选择固定的服装品牌。选择期可以有 2 ～ 3 年。2 ～ 3 年后，也就是快 30 岁的时候，应该已经确定了服装品牌。下一步工作就是确定固定的个人着装风格。

风格，这对一个人或一件衣服来说，几乎是最重要的了。看一件衣服的时候，先不要单纯考虑颜色或者款式，应该做的是大致揣摩这件衣服的整体体现出来的风格，这种风格与自己的是否吻合。如果风格不是自己的，那就坚决放弃。如果风格吻合了，再考虑颜色和款式等方面的细节。

另外，在固定个人风格的时候要注意多样化，就是最少确定上班风格、休闲风格和晚会风格这三种风格，那样的话才不会太单调。

5. 确定自己的主打色系和辅助色系

根据自己的肤色、喜好等确定个人衣橱的主打色系，并尽量保持衣橱中 60% 衣服的颜色在主打色系之中。同时根据当季流行的色彩确定衣橱的辅助色系，并保持 40% 衣服的颜色在辅助色系中。

6. 确定基础款和流行款的比例

把个人衣橱中基础款式和流行款式的比例尽量保持在 3 ∶ 2 之间。这点其实很难做到，一般来说，每个人购物的时候，总想买那些款式最流行、颜色最耀眼的衣服，但如果每次购物的时候总是买这些的话，那么可以想象你的衣橱一定很糟糕。黑色长裤、米色风衣、白衬衫、圆领黑 T 恤之类的基础款衣服，它们在你衣橱中的比例一定要占 60% 以上，否则你的品味就可能有问题了。

7. 摈弃模式化

在前面 6 点全部做到之后，可以相信你的衣橱、着装已经做到了基本不大容易挑出明显的毛病了。当然，这 6 点只是提高品味的捷径，但要有最佳的品位，单纯靠这 6 点是绝对不行了。答案很明显，那就是太模式化了。模式化本质上是与瞬息万变的时尚潮流完全不合拍的。所以，在模式化的基础上，适当加一些小小的灵感的大胆点缀，将让你的品味大大提升。小小的配饰等一些属于个人的东西，都可以尽情尝试。

提高自己的衣饰修养

服饰巧妙的搭配是女性流动的风景线。春天它把女人变成欢乐明亮的女神；夏天让女人成为热情奔放的情人；秋天它使女人成为风韵犹存的妇人；冬天则令女人成为冷艳绝色的美人……

但是在现实生活中，每个女人都会迷失、彷徨，"永远都缺一件衣服"更成了女人在出门前常常拿来自嘲的一句话。不过不要紧，只要你够勤奋，真正地认识自己，并读懂服饰语言，每个女人都会变得分外美丽。

1. 建立自己的穿衣风格

我们不能妄谈拥有自己的一套美学，但应该有自己的审美倾向。而要做到这一点，就不能被千变万化的潮流所左右。我们应该在自己所欣赏的审美基调中，加入时尚的元素，融合成个人品位。比如，如果你只喜欢穿裙子的淑女感，也不必排斥宽腿长裤、九分裤等同样能传递出优雅感觉的裤装。融合了个人的气质、涵养、风格的穿着会体现出个性，而个性是最高境界的穿衣之道。

2. 衣服要与你的年龄、身份、地位一起成长

西方学者雅波特教授认为，在人与人的互动行为中，别人对你的观感只有7%是注意你的谈话内容，有38%是观察你的表达方式和沟通技巧（如态度、语气、形体语言等），但却有53%是判断你的外表是否和你的表现相称，也就是你看起来像不像你所表现的那个样子。因此，踏入职场之后，那些慵懒随意的学生形象，或者娇娇女般的梦幻风格都要主动回避。随着年龄的增长、职位的改变，你的穿着打扮也应该随之改变，记住，衣着是你的第一张名片。

3. 基本服饰是你的镇山之宝

虽然服饰的流行没有尽头，但一些基本的服饰是没有流行不流行之说的，比如及膝裙、粗花呢宽腿长裤、白衬衫……这些都是"衣坛常青树"，历久弥新，哪怕10年也不会过时。这些衣物是你衣橱的"镇山之宝"、必备之品，所以选购时要注意材质上乘、剪裁得体的衣物。多花点儿钱买件优质品，不仅穿起来好看，而且穿着时间长，绝对值得。

4. 资金受到限制时务必求精

把眼光放得高些，学会挑剔，从款式、材质、颜色到剪裁、工艺……道道门槛都要过，不要因为偏爱某一个元素而忽视其他方面。如果你在买的时候就是犹豫不决的，那么几乎可以肯定，买回来后的这件衣服你肯定也很少光顾它。所以，哪怕只拥有几件出色的衣服也比有一柜子穿不出去的衣服强。

5. 买和自己身材、肤色、气质能够"速配"的衣服

专卖店精美的橱窗和优雅的店堂都是经过专业人士精心设计的，其目的就是营造出一种特别的气氛，突出服装的动人之处。但是，那些穿在模特身上或者陈列在货架上的漂亮衣服不一定适合你，不要在精致的灯光和导购小姐的游说造成的假象中迷失了自己。为了避免被一时的购物气氛迷惑，彻底了解自己是非常重要的基础课程，读懂自己的身材、气质、肤色，才不会买回错误的衣服。

跟时尚学穿衣

有句广告经典名句说"女性主义就是败在'爱情'和'衣服'这两件事上"的，相信大部分人是有着深刻的体会和认同的，那些即使是为了捍卫理念而走上街头激进抗争的女性主义

者，也难免会碰上"衣橱里永远少一件衣服"的烦恼！

有趣的是，当全世界女人都在为那"永远少一件"的衣服而努力败家时，法国女人就是有办法成为每年全欧洲服饰和化妆品消费最少的族群；她们花的钱虽然少，打扮起来却永远都是那么优雅、美丽、有品位，甚至成为全世界的时尚指标。她们并非个个都有苏菲玛索或凯萨琳莉塔琼斯的姣好容颜、魔鬼身材，可是她们几乎都懂得透过服装造型呈现出自己最好、最美的一面，关键何在？关键就在：少即是多，用智慧打扮自己。

在高雅的品位和有限的金钱之间取得平衡，的确是需要智慧——了解自己的智慧、选择服饰的智慧、富含美学素养的搭配智慧、衣橱管理的智慧。并且，这种美丽的智慧绝对是可以、也需要学习的！

美国一位世界知名的形象顾问认为：如果一个人想成为上流社会的一分子，在穿着方面若是不通过学习，采取耳濡目染的方式，那么，至少要十年才有办法穿得像上流社会人士。问题是，我们不一定有机会可以长期和上流社会的人朝夕相处，这辈子如果想穿出品位，最快速的方法就是通过"学习"！在专家的指导下，从穿着的基本概念到灵活运用，都可以迅速地吸收成为自己的"智慧财产"，经过不断的练习，就能穿出真正属于自己的美丽，而非大众化地被流行浪潮所淹没；在不断练习的过程中，美丽和自信与日俱增荷包与衣橱的负担却减轻许多，这种快乐很难用文字形容，你一定要试试看才知道！

整理一下你的衣橱

作为一个女人，可以没有电脑，没有跑车，没有花园洋房，但绝不可能没有一个属于自己的衣橱。而且，不论这衣橱是原木的还是塑料的，它里面的内容都一样地多姿多彩，气象万千。但是懂得修饰自己的女人往往不一定能打理好自己的衣橱，许多女人的衣橱打开后，都有相同的"症状"：塞得满满的，太多不合穿却舍不得丢掉的服装，而当有些场合需要自己展示魅力时，却一件得体的也找不到。你是否也有这种毛病？如果有，该是你整理衣橱的时候了。

首先一定要清楚自己的"基本服饰骨架"，它是一个人衣橱的"基础"，有了"基础"，再添加其他的物品，就会变得很好搭配。但大多数人并不知道"基本服饰骨架"的重要，因此衣服裤子不要只照着一时的感觉去买，虽然每一件看起来都还可以，但相互搭配起来不合适，造成尽管衣橱衣满为患，实际能派上用场的衣服却不多的现象。

衣橱保持八分满是保护衣服的大原则。一个拥挤的衣橱，空气无法流通，纤维不能呼吸，会对服饰造成意想不到的伤害；尤有甚者，你可能会发现，明明送洗、整理好放进去的衣服，拿出来穿时又皱了。

其实，只要想想：如果让不常穿、不能穿的衣服去破坏掉常常穿的、心爱的衣服，不是很得不偿失吗？因此你就要作出决定：什么是要的、什么是不要的。以下就是整理衣橱的几个步骤。

步骤1：先将太大、太小，不合尺寸的衣服都拿掉

若真舍不得，或真的有减肥或增肥的计划，可以先将这些不合尺寸的衣服分类装箱，等达到目标后再拿出来穿也不迟。

接下来，你可以将不符合现在工作、身份、地位、年龄的衣服一并清出来，若某件衣服有特别的纪念价值，或者让你每次看到它或穿起它就感到温暖快乐，可以用其他更有创意的方式收藏起来，而不是全吊在衣橱里，和其他衣服相互挤压。

超过一年没穿的服饰，你也要重新审视，最好也扔掉。对于那些不适合你身材的衣服，就更加不要考虑立马扔掉。经过这种大清除后，你的衣橱会多出很多空间，你就可以自由安排了。在任何时候，若衣橱又太满，说明又有些衣服你要扔掉了，这时只要稍作清理即可，不会再占用你太多的时间。

步骤2：检查留下来的衣服

在清理衣橱的同时，你更应该让决定留下来的每件服饰都派上用场，当下拿出立即可穿，而不是事后还需要烫、需要缝补，甚至是需要修改。想想也是如此，千挑万选留下来的衣服，当你决定今天要穿时，却发现它竟然有一块很明显的污渍，或者拉链坏了，岂不是完全白费心机，徒增烦恼。因此现在就赶快将所有留下来的服饰仔细检查一遍，将该缝的、该补的、该改的、该洗的、该烫的，都做"修复计划"，如果当下有时间处理，就赶快

把所有需要修复的服饰都拿出来一次搞定；如果当下实在没空，建议你记在笔记本里头，安排时间进行衣物的修复工程。虽然费一番工夫，却为往后的生活带来无穷方便，绝对值得。

除了衣物之外，配饰也要记得整理。帽子、皮包、腰带、手套、袜子、鞋子、丝巾、首饰，也以同样的过程加以过滤。所不同的是，配饰难以修复如新，对于常需要佩戴、却已显岁月痕迹的，请马上写在购物卡上，添购补替。

步骤 3：有系统地吊挂、摆放

如此这般整理后，现在的服饰都已经是适合你的，并且随时可穿可用的衣物了。你要更进一步有系统地吊挂摆放服饰，才能在打开衣橱后一目了然，易取易配。

先依款式分类：你可以将"春夏"与"秋冬"的服饰分开吊挂。要是在炎热的夏日里，夏装混着厚厚的冬衣，你岂不是又要皱眉头了。不管是"春夏"或"秋冬"的衣橱，都先以款式做分类，例如衬衫类、外套类、夹克类、洋装类、长裙类、短裙类、长裤类等等，将同一类的衣服吊挂在一起。此外，吊挂的次序也是非常重要的，逻辑的次序可以方便你的取物和搭配，譬如长裤、长裙、短裙，接着是衬衫、外套、夹克，再下来则是洋装。

你最好是将套装的外套和裙子也分开吊挂，因为如果套装的外套、裙子挂在一起，你会发现一辈子可能就只有一种穿法。现在，你已经将外套、裙子分开吊挂了，当你决定穿某件外套后，可以到下身区去检视所有的选择，你会忽然发现：原来这件外套还可以搭配另一条长裙、格子及膝裙、某件长裤等第。一件外套忽然增加了好几种穿法，它的"身价"也立即水涨船高了。

再依颜色、材质或性质区分：款式分好后，再依照颜色、图案、正式或休闲的性质作出区分，如此会让衣橱更有条理。例如衬衫群里，所有白衬衫挂在一起、淡颜色的在一起、鲜艳的在一起、印花的在一起、正式豪华的在一起；长裙区里，黑色的在一起、有图案的在一起、休闲的在一起等等。

在整理衣橱时应注意以下几点。

（1）每一件吊挂的衣物，都要保持适当距离，不要挤在一起。

（2）衣架的选择不可不慎，尤其是较重的外套，要用宽厚坚固的衣架，肩膀处才不会变形；而细致的丝质衣物，则可用有海绵衬的衣架。

（3）纯丝、真假皮质等料子的长裤、裙子，在用衣夹吊挂时，夹子与衣物间要垫一层纸，以免产生难以磨灭的夹痕。有些衣物不适合吊挂，如很重的缀珠服饰，针织毛衣等等，最好能以折叠方式收藏，并且折痕要越少越好，就在身体处由腰部往上对折一次，再将两个袖子折进来平放即可。

（4）重量较重的长洋装，可以自己在衣服内的左右腰际处各缝上一条细带子，长度是拉直时比上衣稍微短些，以这两条带子辅助吊挂，可以帮忙支撑重量、防止变形。

（5）折叠的衣物若怕产生皱纹，可以在折叠时放进薄薄一层棉纸，或将卷筒放在中央折处，将有助于减少皱褶。

步骤 4：为你的服饰做搭配

现在，你的衣橱已经是整齐而系统化了，你可以开始为所有的服饰做一下搭配。

例如一件西装外套，你好好看一下自己的衣橱，把你认为适合它的上身，无论衬衫、毛衣、针织衫皆可，下身（裤子或裙子）、鞋子、首饰，全都摊到床上看所有的选择；或者作橱窗设计般地摆出整体搭配，如果看起来的效果不错，接下来你就可以试穿一下，依照刚才的搭配实际穿上，看看效果如何。

步骤 5：列出衣柜新成员的采购清单

在你的衣橱里，可能会有某些单品，找不到它理想的伴侣，你需要添一些新衣服。例如有一条裙子，始终找不到合适的上衣；或者一件心爱的洋装，永远都缺少一双可搭配的鞋子。对于这些服饰，你就要认真做一张购物提醒卡片，上面记录着：某某裙子，缺衬衫一件，或者某某长裤，缺外套一件。

另外，逛街时别忘了把这张购物卡片随身携带，如此就会清楚地知道自己实际上到底需要或想要些什么，而不再是漫无目的地乱逛，买回你已经有的或其他怎么配也配不起来的东西。

总之，衣橱应该像活水一样，新鲜的水不断流进来，旧的水不断排出去。你可以每次淘汰 1/3 或 1/4 的量，重点是每隔一段时间要检视衣橱一次，不让不合时宜的"过期"衣服阻碍你的美丽。等到衣橱里全换成目前最需要而且是最"新鲜"的服饰时，你的穿着和心情也就会非常非常愉悦。

第六章

如果你知道自己去哪儿，
全世界都会给你让路

为梦而活，但不要活在梦中

女人是感性动物，经常头脑中浮想联翩：梦想自己拥有一份体面的工作，梦想自己得到白马王子的追求，梦想自己就是高贵的公主。

生活中，我们常常能听到有的女人对人说："我有漂亮的长相，又有那么好的家庭背景，头脑也聪明，将来我一定会做成大事。等到我赚大钱的那一天，肯定请大家吃满汉全席，到时候大家有什么困难，尽管来找我！"言语之间，踌躇满志，仿佛自己已经功成名就、财富百万。当别人问她凭什么就能做大事的时候，她会振振有词地说："知识就是力量，智慧就是财富，我是美貌与智慧并重的超级美少女，我怕谁？哼！"

白日梦谁都会做，关键是要有所行动。白日梦不能当饭吃，你要想获得你想要的东西，你就得有实实在在的成绩，否则，光是有想法就能成功，那世界上岂不人人都是亿万富翁了？

正如英国前首相本杰明·狄斯雷利指出的，虽然行动不一定能带来令人满意的结果，但不采取行动就绝无满意的结果可言——你需要的不只是梦想，你还要付出切切实实的努力。有了想法就去做，这样你才能成功。

有一位名叫莱温的美国女人，她的父亲是芝加哥有名的牙科医生，母亲在一家声誉很高的大学担任教授。她的家庭对她有很大的帮助和支持，她完全有机会实现自己的理想。她从念中学的时候起，就一直梦想当电视节目主持人。她觉得自己具有这方面的天赋，因为每当她和别人相处时，即使是生人也都愿意亲近她并和她长谈。

但是，她为这个理想什么也没有做！她在等待奇迹出现，希望一下子就当上电视节目的主持人。

莱温不切实际地期待着，结果什么奇迹也没有出现。

另一个名叫海伦的女人却实现了莱温的理想，成了著名的电视节目主持人。海伦之所以会成功，就是因为她知道"天下没有免费的午餐"，一切成功都要靠自己的努力去争取。她不像莱温那样有可靠的经济来源，所以没有白白地等待机会出现。她白天去打工，晚上在大学的舞台艺术系上夜校。毕业之后，她开始谋职，跑遍了芝加哥每一个广播电台和电视台。但是，每个经理对她的答复都差不多："不是已经有几年经验的人，我们一般不会雇用的。"

海伦没有退缩，也没有等待机会，而是继续走出去寻找机会。她一连几个月仔细阅读广播电视方面的杂志，最后终于看到一则招聘广告：北达科他州有一家很小的电视台招聘一名预报天气的女人。

海伦在那里工作了两年，之后又在洛杉矶的电视台找到了一个工作。又过了 5 年，她终于成为她梦想已久的节目主持人。

为什么会这样呢？

因为莱温在 10 年当中，一直停留在幻想上，坐等机会；而海伦则采取行动，最后，终于实现了理想。

成功不在难易，而在于"谁真正去做了"。这个世界不缺乏机遇，缺少的是抓住机遇的手。如果你有想法就要赶紧去做，别担心失败或困难重重，人都是在不断地跌倒与爬起中学会走路的。在不停地实践与追求中，你就能超越自我，成为一块耀眼的真金。

梦想是心灵的翅膀，只有付诸行动才能让自己腾飞。所有拥有美丽梦想的女人们，快快行动起来，不要让梦想只在你脑海中浮动，用行动证明你梦想的可能性！

生气不如争气，翻脸不如翻身

女人总是容忍不了自己受委屈，一旦她们觉得自己吃亏了，就容易引起很大的情绪波动。于是，有一部分人，会冲上去跟对方理论，宁可抓破脸，也要让对方明白自己的不满，并且让对方看到自己的强烈抗议，让对方知道自己并非软弱可欺。也有一些人会暗自发牢骚，向朋友倾诉自己所受的委屈，甚至在心里上开始排斥那个欺负她的人，发誓不再跟那个人有任何的来往。

其实，在你冲上前理论的一刹那，你已经在生活的棋局上输了一盘；在你暗自发牢骚的那一刻，你也熄灭了生活中的一盏灯。生活在一个圈子里的人，怎么可能不产生矛盾？他或者看轻你了，说话伤害到你了，但你不是一定要打破鼻子、抓破脸的。其实，与其抱怨不如改变。把对方对你的轻视看做是一种促使你向上的动力，做出成绩让他们看看，他们的看法是错的，让他们自己去悔悟，这样往往要比你自己冲上去的效果更好。

有一个女孩毕业找工作的时候，曾经接受过一个机场广播电台的面试。当她出现在面试官面前时，面试官一直在摇头，似乎在说，这样又瘦又小的形象怎么可能当主持人？女孩明白了对方的意思，也没说什么，默默地走开了。可是，若干年后，女孩以其独特的主持风格，在电视台闯出了一片天。

谁的人生都会有波折，没有一个人能说"我的人生之路是平坦的"。但是，你该怎样面对你的人生？面对那些否定你或者看轻你的人，冲上去理论无疑是最不明智的行为。女人不妨学学上面的女孩，在经历了别人的轻视时，在承受了人生的冷遇时，生气不如争气，翻脸不如翻身。你说我不行，我偏要让你看看，我是可以的，我能行！

对于一个聪明的女人来说，生气还是忍下这口气对自己更有利，翻脸还是适时弯曲对自己更有利，这是不言自明的。在弯曲时不忘积极进取，在受到质疑时执着坚持，用你的实力赢取别人的尊重，这才是一个成功的女人。

有些弯路必不可少

成长，其实就是一个走弯路的过程。非要经历阵痛，人才能慢慢长大。正如陆游所说："纸上得来终觉浅，绝知此事要躬行。"一个孩子，父母再怎么给他示范如何走路，可是如果他不亲自学着下地走路，不经过摔跤，又怎么能学会呢？别人的经验不经过实践始终都是大脑里虚无缥缈的概念，没有脚踏实地亲自验证的经验等于没有经验。人生中的一些弯路是必须的，因为它会不断地使人在亲身感受中获得真实的力量和进步。

年轻的女人都很害怕留有遗憾，特别是刻骨铭心的遗憾，总是极力地去避免。我们都知道一步错步步错的道理，但却忘记了有些弯路是必不可少的。

张爱玲有一篇文章叫《非走不可的弯路》就说得十分经典：

在青春的路口，曾经有那么有条小路若隐若现，召唤着我。

母亲拦住我："那条路走不得。"

我不信。

"我就是从那条路走过来的，你还有什么不信？"

"既然你能从那条路走过来，我为什么不能？"

"我不想让你走弯路。"

"但是我喜欢，而且我不怕。"

母亲心疼地看我好久，然后叹口气："好吧，你这个倔强的孩子，那条路很难走，一路小心！"

上路后，我发现母亲没有骗我，那的确是条弯路，我碰壁，摔跟头，有时碰得头破血流，任我不停地走，终于走过来了。

坐下来喘息的时候，我看见一个朋友，自然很年轻，正站在我当年的路口，我忍不住喊："那条路走不得。"

她不信。

"我母亲就是从那条路走过来的，我也是。"

"既然你们都可以从那条路走过来，我为什么不能？"

"我不想让你走同样的弯路。"

"但是我喜欢。"

我看了看她，看了看自己，然后笑了："一路小心。"

我很感激她，她让我发现自己不再年轻，已经开始扮演"过来人"的角色，同时患有"过来人"常患的"拦路癖"。

在人生的路上，有一条路每个人非走不可，那就是年轻时候的弯路。不摔跟头、不碰壁、不碰个头破血流，怎能炼出钢筋铁骨，怎能长大呢？

我们总是喜欢看别人的经验，看别人如何才能不走弯路。这是一个好习惯，同时也是迷茫的根源。为了不走弯路，我们阅览群书，结果却陷入了似乎什么都懂又似乎什么都不懂的迷茫境地。缺少了实践的基础，一切都好像是活在云里雾里的虚无缥缈中。看书的时候以为自己无所不能，可到了现实生活中却又不知道该先迈哪只脚了。

小学时学过的一篇叫《小马过河》的课文：

小马要过河，妈妈不在身边，它问在河边吃草的老牛："牛伯伯，请您告诉我，这条河我能过去吗？"老牛说："水很浅，刚没小腿，能过去。"小马听了老牛的话，立刻跑到河边，准备过去。突然从树上跳下一只松鼠，拦住它大叫："小马！别过河，别过河，河水会淹死你的！"小马吃惊地问："水很深吗？"松鼠认真地说："当然啦！昨天，我的一个伙伴就掉在这条河里淹死的！"小马连忙收住脚步，不知道怎么办好。它只好回去问妈妈。妈妈说："那条河不是很浅吗？"小马说："是呀！牛伯伯也这么说。可是松鼠说河水很深，还淹死过它的伙伴呢。"妈妈说："那么到底是深还是浅？你仔细想过它们的话吗？"小马低下了头，说："没……没想过。"妈妈亲切地对小马说："孩子，光听别人说，自己不动脑筋，不去试试，是不行的，你去试一试，就会明白了。"

小马跑到河边，试着往前走……原来河水既不像老牛说的那样浅，也不像松鼠说的那样深，它顺利地过了河。

同一条河流，老牛觉得它是没不过膝盖的小溪，松鼠觉得它是深不可测的天险，而小马却觉得它不深不浅刚刚好。很多东西，别人说的也许是真理，但是不一定适合自己，非要自己试着尝试过了，才会知道水深水浅。很多的东西，非要亲自体验了，摔跟头了，才会刻骨铭心地记得，才会变得更聪明。长期待在父母怀里长大的孩子，一般都会有些幼稚和晚熟。而那些离开父母保护的孩子，则会在孤独和不断的摔跤中迅速长大，远远地超越同龄人。

多走一段弯路，就是多记住一个教训，为我们以后的人生铺平道路；多走一段弯路，就是多看一段风景，不管景色是不是美丽，都为我们的人生添加了一抹色彩；多走一段弯路，就是多明白了一个哲理，会让你在今后漫漫的旅途中受益匪浅！

先做适应者，再做强者

每个女人都想做一个强者，但是做一个强者何其容易，尤其是对于那些正处于人生过渡期的年轻女人而言，此前已经有了一些人生和工作经验，但是距离成功尚有一段很长的路。渴望成功的同时，难免会心急，事实上，越是这样，越是什么也做不好。处于这种阶段的女人，做不了强者，就该从适应者做起，适应了，才可能超越。

有一个女人在社会上总是不得志，有人向她推荐一位得道大师。

她找到大师，倾诉了自己的烦恼。大师沉思了一会儿，默然舀起一瓢水，说："这水是什么形状？"

女人摇头："水哪有形状呢？"

大师不答，只是把水倒入一只杯子，女人恍然，说道："我知道了，水的形状像杯子。"

大师无语，轻轻地拿起花瓶，把水倒入其中，女人又说道："哦，难道说这水的形状像花瓶？"

大师摇头，把水倒入一个盛满花土的盆中。水很快就渗入土中，消失不见了。女人陷入了沉思。这时，大师俯身抓起一把泥土，叹道："看，水就这么消逝了，这就是人的一生。"

女人沉思良久，忽然站起来，高兴地说："我知道了，您是想通过水告诉我，社会就像一个个有规则的容器，人应该像水一样，在什么容器之中就像什么形状。而且，人还极可能在一个规则的容器中消失，就像水一样，消失得迅速、突然，而且一切都无法改变。"

女人说完，眼睛急切地盯着大师，渴盼着大师的肯定。

"是这样，"大师微笑，接着说，"又不是这样！"说毕，大师出门，女人随后。在屋檐下，大师伏下身，用手在青石板的台阶上摸了一会儿，然后顿住。女人把手指伸向大师手指所触之地，那里有一个深深的凹口。

大师说："下雨天，雨水就会从屋檐落下。你看，这个凹口就是雨水落下的结果。"

女人大悟："我明白了，人可以被装入规则的容器，又可以像这小小的雨滴，改变这坚硬的青石板，直到容器破坏。"

大师点头："对，这个窝会变成一个洞。"

人生当如水，无常形常式，却包容万物，无往不利。能屈能伸，乃智者人生。的确，女人在你还没有能力做强者之时，就该适应环境，在逆境中努力掌握生存的法则，保存实力，以待转机。等到顺境时，幸运和环境皆有利于你时，乘风万里，扶摇直上，顺势应时，则能更上一层楼。

　　一个女人不懂得去适应环境，那么估计还没有等到好的时机，已经被社会所淘汰。所以，要做一个适应者，就得学会有刚有柔。人太刚强，遇事就会不顾后果，这样的人容易遭受挫折。人太柔弱，遇事就会优柔寡断，坐失良机，这样的人很难成就大事。做女人就要刚柔并济，能刚能柔、能屈能伸，当刚则刚、当柔则柔，屈伸有度。

保持自己的本色

　　你应该为自己是这个世界上全新的个体而庆幸，应该充分利用自然赋予你的一切。从某种意义上说，所有的艺术都带有一些自传体性质。

　　充满自信地在他人面前展现一个本色的自我吧，不必为讨好他人而刻意改变自己，尽力成就真实的自我，用你的坦诚赢得他人的坦诚，以自信的步伐行进在人生的路上——这才是人生的真谛。

下面的故事或许会给我们一些启示：

从小就十分敏感和腼腆的李女士，身体一直很胖，而且脸部看起来比实际上还要胖。她的母亲十分古板，在母亲看来，穿漂亮的衣服是一件很张扬并且愚蠢的事。为此，李女士从来都不参加别人的聚会，也很少快活过。上学的时候，她很少和其他孩子一起到室外活动，甚至不愿意上体育课。她很害羞，觉得自己与其他人不一样，完全不讨人喜欢。

长大之后，她嫁给一个比自己年长的男人，可是她并没有多大的改变。丈夫及家人都很友善，充满了自信。这正是她所希望的那类人。她尽最大的努力使自己能和他们融为一体，可是却无法做到。他们为了使她变得开朗而做的每一件事情，都使她更加不自然。她变得异常紧张，开始回避所有的朋友，甚至紧张到怕听到门铃响。她总认为自己是一个失败者，却又害怕丈夫发现这一点。所以每一次在公开场合，她都假装十分开心，结果反而做得很不得体。李女士常常为自己的过失而后悔不已，有时候甚至没有得活下去的勇气——她想到自杀。

是什么东西改变了这个痛苦女人的生活呢？原来不过是一句随口而出的话。

有一天，婆婆谈到自己是怎样教育孩子时，说道："无论如何，我总是要求他们保持自己的本色。""保持自己的本色"，就是这句话启发了李女士。刹那间，李女士突然发现自己之所以如此苦恼，就是因为一直试图让自己生活在别人的目光和影响下。

她说："一夜之间似乎我的人生整个儿地改变了。我开始思考如何保持自己的本色，试着总结自己的个性；我发掘自己的优点，并开始研究色彩和服饰方面的问题，按照适合自己特点的方式穿衣服；我主动地去交朋友，还参加了一个社团组织——一个很小的社团。第一次参加活动把我吓坏了。但每一次发言，都使我增加了一份勇气。尽管它花费了我很长的时间，但却给了我许多快乐，而这些快乐都是以前我想都没敢想到的。后来，当我在教育自己的孩子时，我经常将自己从这些痛苦中学到的经验告诉他们，让他们牢记，无论如何都要保持本色。"

李女士最终活出了自己的本色，也获得了属于自己的快乐。

美国素凡石油公司人事部主任保罗曾经与6万多个求职者面谈过，并且曾出版过一本名为《求职的六种方法》。他说："求职者最容易犯的错误就是不能保持本色，不以自己的本来面目示人。他们不能完全坦诚地对人，而是给出一些自以为你想要的回答。"可是，这种做法毫无裨益，没有人愿意聘请一个伪君子，就像没有人愿意收假钞票一样。

著名女心理学家玛丽曾谈到那些从未发现自己的人。在她看来，普通人仅仅发挥了自己10%的潜能。她写道："与我们可以达到的程度相比，我们只能算是活了一半，对我们身心两方面的能力来说，我们只使用了很小一部分。也就是说，人只活在自己体内有限空间的一小部分里，人具有各种各样的能力，却不懂得如何去加以利用。"

你我都有这样的潜力，因此不该再浪费任何一秒钟。你是这个世界上一个全新的个体，以前从未有过，从开天辟地一直到今天，没有一个人和你完全一样，以后也绝不可能出现。遗传学揭示了这样一个秘密，你之所以成为你，是你父亲的 24 个染色体和你母亲的 24 个染色体在一起相互作用的结果，48 个染色体加在一起决定你的遗传基因。"每一个染色体里，"据研究遗传学的教授说，"可能有几十个到几百个遗传因子——在某些情况下，一个遗传因子都能改变一个人的一生。"毫无疑问，我们就是这样"既可怕又奇妙地"被创造出来的。

　　也许你的母亲和父亲注定相遇并且结婚，但是生下孩子正好是你的机会，也是 30 亿分之一。也就是即使你有 30 亿个兄弟姐妹，他们也可能与你完全不同。这是推测吗？不是，这是科学事实。

　　你应该为自己是这个世界上全新的个体而庆幸，应该充分利用自然赋予你的一切。从某种意义上说，所有的艺术都带有一些自传体性质。你只能唱自己的歌；只能画自己的画；只能做一个由自己的经验、环境和家庭所造成的你。无论好坏，都得自己创造一个属于自己的小花园；无论好坏，都得在属于你生命的交响乐中演奏自己的小乐器。

　　千万不要模仿他人，让我们找回自己，保持本色。

美与丑主要取决于内在

再美貌的女子，也无法牵住逝去的岁月，无法红颜永驻。而内心的美，却将随着岁月的增加、心灵的日益净化，而越加显示它的光华，受到人们的敬重。

再不爱修饰的女人都喜欢照镜子，当镜子映出自己那如花似玉的容颜时，喜悦之情不禁油然而生。是的，哪个女人不希望自己具有花容月貌？毕竟人都是爱美的。

那么，假如你没有花容月貌，不是"绝代佳人"，是不是不美呢？应该说，每一个女人都有动人之处，都是美的，问题在你有没有发现自己潜在的美。

有一个美国医生，他以善做面部整形手术驰名遐迩。他创造了许多奇迹，把许多丑陋的人变成漂亮的人。他发现，某些接受手术的女人，虽然为她们做的整形手术很成功，但仍找他抱怨，说她们在手术后还是不漂亮，说手术没什么成效，她们自感面貌依旧。

于是，医生悟到这样一条道理：一个女人的美与丑，并不在于一个人的本来面貌如何，而在于她的内心。

如果一个人自以为是美的，她真的就会变美；如果她心里总是嘀咕自己一定是个丑八怪，她果真就会变成尖嘴猴腮、目瞪口呆，显出一脸傻相。

一个人如自惭形秽，那她就不会变成一个美人；同样，如果她不觉得自己聪明，那她就成不了聪明人；她不觉得自己心地善良，即使只是在心底隐隐地有这种感觉，那她也就成不了善良的人。

有这么一个例子说明了同样的道理。心理学家从一班大学生中挑出一个最愚笨、最不招人喜欢的姑娘，并要求她的同学们改变以往对她的看法。在一个风和日丽的日子里，大家都争先恐后地照顾这位姑娘，向她献殷勤，陪送她回家，大家以假作真地认定她是位漂亮聪慧的姑娘。结果怎样呢？不到一年，这位姑娘出落得妩媚婀娜、姿容动人，连她的举止也同以前判若两人。她高兴地对人们说：她获得了新生。确实，她并没有变成另一个人，然而在她的身上却展现出每一个人都蕴藏的美，这种美只有当我们相信自己，周围的所有人也才会相信。

为了获取美，一个女人必须自信，必须坚信自己的内心的美丽。有时你看到一个长相一般的女人，却觉得她是美的。她把你吸引住了，你看到她就感到愉悦，这是什么原因？就是因为对自己的美丽的自信。世界上没有一种力量能比对美的自信更能使女人显得美丽。

车尔尼雪夫斯基曾经讲过一个故事：

有一次，他去拜访一位多年不见的朋友，这位朋友已经结婚了。他有幸结识了朋友的妻子，这位年轻、美丽的主妇对他亲切而殷勤，没有一点矫揉造作和卖弄风情，待他像丈夫的老友自然大方得体。车尔尼雪夫斯基对他的老友说："你的太太很可爱，我并不是恭维你，她真是个美人。"

可是他们第二次见面的时候，是在一个豪华的舞会上。这个自小在穷乡僻壤长大的太太完全被舞会迷住了，她的眼睛流露出对这种社交的追求和向往，但她却学着那些贵妇人的模样，故意装腔作势地说："舞会使我厌倦了，我厌弃这上流而空虚的社交。"这种言行不一的举止，使车尔尼雪夫斯基顿然忘了她的美貌，只记得她那一副矫揉造作的样子，觉得她滑稽可笑。

又过了一个月，他再去拜访这位老友时，朋友的工厂（他的唯一的资产）遭了火灾，朋友陷入了前所未有的困境中。而这时他的妻子说："别伤心呀，亲爱的。卖掉我们的家产，卖掉我的银器和衣物，那就够还债了。我出外可以步行，必要的时候，我可以自己弄饭。你还年轻，只要你不沮丧，将来一切都会好转的。"当她的丈夫表示过意不去时，她说："只要你像以前一样爱我，我便像以前一样幸福了。"目睹这一幕的车尔尼雪夫斯基感动极了，觉得她是名副其实的最高尚的妇女。

同一个人，在三个不同场合，给人三种不同的印象，起决定作用的，并不是她的外貌（因为在这样短暂的时间内，她的外貌是不会有多大变化的），而主要是她的内心。她一度变得虚伪，而这虚伪的心灵使人感到丑恶，再美的面貌也引不起美感来。可是当她在家庭遭到变故，她丢掉虚荣，又显出纯真的本色时，她在人们的心目中，不仅是可爱，而且是崇高了。

可见，决定一个人美丽与否，主要不是外貌，而是心灵。一个人的外貌是无法选择的，而内在的美，却是可以由自己来塑造的。再美貌的女子，也无法牵住逝去的岁月，无法红颜永驻。而内心的美，却将随着岁月的增加，心灵的日益净化，而越加显示它的光华，受到人们的敬重。

无须顾虑别人对你的看法

要想成为现代自信女人，一定要努力培养自己的主见和独立性，不要让别人（或自己）的消极想法影响你的行为和事业。

莫尼卡·狄更斯二十几岁时虽然已是有作品出版的作家，可是仍然举止笨拙，常感自卑。她有点胖，不过并不显肥，但那已足以使她觉得衣服穿在别人身上总是比较好看。她在赴宴会之前要打扮好几小时，可是一走进宴会厅就会感到自己一团糟，总觉得人人都在对她评头论足，在心里耻笑她。

有个晚上，莫尼卡忐忑不安地去赴一个不大认识的人的宴会，在门外碰见另一位年轻女士。

"你也是要进去的吗？"

"大概是吧，"她扮了个鬼脸，"我一直在附近徘徊，想鼓起勇气进去，可是我很害怕。我总是这样子的。"

为什么？莫尼卡在灯光照映的门阶上看看她，觉得她很好看，比自己好得多。"我也害怕得很，"莫尼卡坦言，她们都笑了，不再那么紧张。她们走向前面人声嘈杂、情况不可预知的地方。莫尼卡的保护心理油然而生。

"你没事吧？"她悄悄问道。这是她生平第一次心不在自己而在另一个人身上。这对她自己也有帮助，她们开始和别人谈话，莫尼卡开始觉得自己是这群人的一员，不再是个局外人。

穿上大衣回家时，莫尼卡和她的新朋友谈起各自的感受。"觉得怎么样？"

"我觉得比先前好。"莫尼卡说。

"我也如此，因为我们并不孤独。"

莫尼卡想：这句话说得真对！我以前觉得孤立，认为世界其余的人都自信十足，可是如今遇到了一个和我同样自卑的人，迄今为止，我因为让不安全感吞噬了，根本不会去想别的，现在我得到了另一启示：会不会有很多人看来意兴高昂，谈笑风生，但实际上心中也忐忑不安？

莫尼卡常为其供稿的一家报馆有位编辑总有些粗鲁无礼，问他问题，他只只字答复，莫尼卡觉得他的目光永不和自己的接触。她总觉得他不喜欢自己，现在，莫尼卡怀疑会不会是他怕自己不喜欢他？

第二天去报馆时，莫尼卡深吸一口气，对那位编辑说："你好，安德森先生，见到你真高兴!"

莫尼卡微笑抬头。以前，她习惯一面把稿子丢在他桌上，一面低声说道:"我想你不会喜欢它。"这一次莫尼卡改口道:"我真希望你喜欢这篇稿，大家都写得不好的时候，你的工作一定非常吃力。"

"的确吃力。"那位编辑叹了口气。莫尼卡没有像往常那样匆匆离去，她坐了下来。他们互相打量，莫尼卡发现他不是个咄咄逼人的特稿编辑，而是个头发半秃、其貌不扬、头大肩窄的男人，办公桌上摆着他妻儿的照片。莫尼卡问起他们，那位编辑露出了微笑，严峻而带点悲伤的嘴变得柔和起来。莫尼卡感到他们两人都觉得自在了。

后来，莫尼卡的写作生涯因战争而中断。她去受护士训练，再次因感觉到医院里的人个个称职，惟自己不然;她觉得自己手脚笨拙，学得慢，穿上制服看来仍全无护士的感觉，引来许多病人抱怨。"她怎么会到这儿来的? "莫尼卡猜他们一定会这样想。

工作繁忙加上疲劳，使莫尼卡不再胡思乱想，也不再继续发胖。她开始感觉到与大家打成一片的喜悦，她是团队的一分子，大家需要她。她看到别人忍受痛苦，遭遇不幸，觉得他们的生命比自己的还重要。

"你做得不坏。"护士长有一天对莫尼卡说。莫尼卡暗喜:她原来在称赞我!他们认为我一切没问题。莫尼卡忽然惊觉几星期来根本没有时间为自己是否称职而发愁担忧。

不要过分关心别人的想法。你过分关心"别人的想法"时，你太小心翼翼地想取悦别人时，你对于假想的别人不欢迎过分敏感时，你就会有过度的否定反馈、压抑以及不良的表现。最重要的是，你对别人的看法不必太在意。

把眼光盯住别人不放，以别人的方向为方向，总难超越别人。要想有成就，你得自己开路，而你所开的路是你自己的理想、见解与方式，所以是你所独有的。

美国有一位极令人敬佩的年轻黑人女士，她的芳名是罗莎·帕克斯，1955年的某一天，她在阿拉巴马州蒙哥马利市搭乘公车，理直气壮地不按该州法律规定让位给一位白人。她这个不服从的举动造成轩然大波，招来白人强烈的抨击，然而却也成为其他黑人效法的榜样，结果掀起了随后的民权运动，使美国人民的良知普遍觉醒，为平等、机会和正义重新界定出不分种族、信仰和性别的法律。罗莎·帕克斯当时拒绝让位，可曾想过自己会遭遇什么样的后果？她是否有什么能够改变现有社会结构的高明计划？我们不知道。然而我们相信，她对这个社会抱有更高期许的决定，促使她采取这种大胆的行动。谁能想到这个弱女子的决定，却给后人带来深远的影响？

我们应该成为主宰自己生命的人。千万不要因他人的论断而束缚了自己前进的步伐。追随你的热情，追随你的心灵，唱出自己的声音，世界因你而精彩。

要想自信还得勤奋

勤奋，能让丑小鸭变白天鹅，能使智力平平的女人走向自信，走向成功卓越！

只有勤奋，才是我们最靠得住的伙伴；只有勤奋，才能为我们指明前进的方向，助我们直达成功的圣地。而抛弃了勤奋，再聪明的人也会败下阵来，一旦失败，自信心必然会受到打击。所以，要想自信还得勤奋。

世界上留存下来的辉煌业绩和杰出成就无一例外都得自于勤勉的工作，不管是文学作品还是艺术作品，不管是诗人还是艺术家。鲁迅说得很清楚："其实即使天才，在生下来的时候第一声啼哭，也和平常的儿童一样，绝不会就是一首好诗。""哪里有天才，我是把别人喝咖啡的工夫用在工作上。"

梅花香自苦寒来，宝剑锋从磨砺出。勤奋，能让丑小鸭变白天鹅，能使智力平平的女人走向自信，走向成功卓越！勤奋，为我们构建了起飞的平台，助我们展翅遨游，创造出自己的美好明天。勤奋，是一种美德，是成功者必备的素质。

一个自信女人的背后绝对离不开"勤奋"二字，无论她有多么好的资质。对知识必须踏实，好高骛远要不得，好吃懒做更要不得。只要你不懈耕耘，成功的阳光一定不会错过你的枝头。上帝是公平的，因为天道酬勤。只要我们的心灵没有荒芜，那片土地就一定有再绿的时候，只要我们手上还握着桨，我们就一定能够到达成功的彼岸。

中国实力派歌手韩红最初是作为文艺兵被特招到部队的。谁知在电话机前一坐就是十好几年。因为从小一直顺口唱歌唱习惯了，刚入伍那几年，工作之余总情不自禁地哼唱出声。可是，别人并不理解她：想唱歌到歌舞团唱去！通信女兵们耳朵累了半天，实在太需要休息。楼下就是欢声鼎沸的卡拉OK厅，各种腔调顺着楼梯蜿蜒爬上四层，军纪严明的女兵们并不能够涉足那里。在愤恨与无奈中，韩红开始读书、写诗、写小说、写剧本，最长的一个剧本指向明确，名字就叫《闹市区居住的女兵们》。

在无数近似机械的日子里，她一样没有荒废。没有钱买原音带，她就买空白带请别人给翻录。等把毛阿敏、苏芮的歌听得差不多了，她就把自己每月几块钱的津贴省下来，买了吉他与教材，三下两下她就能自如地弹拨出和谐的音符。偶然有幸摸到钢琴，1、2、3，3、2、1地来回几次，她便在钢琴上奏出了流畅的曲子。在音乐方面，她的确有着过人的天赋。但歌舞团仍然不要她，她只好选择去歌厅唱。大奖赛也总拒绝她进入最后的决赛，一次二次三次。每每大哭之后，她都会认真在镜子里瞧瞧自己，但她无论如何看不出哪里有什么缺陷。痛定思痛，她知道必须调整作战方针。她不再一根筋非要去考这个，赛那个，她开始不停地写啊写啊，把经历与挫折、失望与希望，统统都写进去，写成词，变成歌……

一年有 365 天，在如此这般地走过了 10 个 365 天之后。有一天，央视《半边天》节目女主持人张越坐进了歌厅，不经意地听着歌手们的演唱，突然觉得被拨动了某根神经。女主持抬头认真打量起了台上的歌者，这才看清了非常有实力的韩红，她正忘情于她的《雪域光芒》。"跑啊——挣脱你的绳索／找回渴望已久的自由／啊——"歌厅里竟有如此美妙的歌喉？见多识广的张越一时被震撼了。也许还夹杂着点惺惺相惜，张越当即拍板作了决定。很快，韩红头一次作为嘉宾，与张越面对面，庄严地坐进了中央电视台的录播间，这是 1998 年发生的事。

若论学历，韩红还上初二时就被挑选入伍。但有谁规定过只有课堂才是汲取知识的唯一场所？没有课堂，她就勤奋地自学。几年的工夫，她先考上中央音乐学院，隔几年她又考入了解放军艺术学院。

走过了那些总是碰壁的日子，韩红迎来了扬眉吐气的生活。从 1998 年她的第一个专辑投入市场之后不到两年时间里，她就与毛阿敏、那英等歌坛数巨头齐名，成为中国人气最高的实力派女歌手。但你在她身上，见不到任何张狂的痕迹。她有个很好的解释："人生如登山，而我只不过刚刚登到 1/5 处，接下来仍需要努力、努力、再努力！"

韩红的成功经历告诉我们：不管你是不是天才，不管你有没有天赋，勤奋都是成功不可或缺的重要因素。

正如有位名人所说："成功与不成功之间只差别在一些小小的事情上，每天多做5分钟阅读，多思考一下，多努力一点，就能逐渐提高自己的能力，达到人生的巅峰。"

女人要想获得超人的自信，必须借助于勤奋的风帆。勤奋是我们从一无所有到名利双收的法宝。勤奋让一切变得如此简单，又如此美丽。

唯有坚持才会有效

一个人如果做事没有恒心，是任何事也做不成功的。

有个胖太太，每天都强调说自己要减肥。但是，吃的时候，分量比别人多，睡眠时间又比别人长；叫她做些家事，她说太辛苦；提醒她应该去运动，她嫌劳累；邀她一齐到公园慢跑，她怕晒太阳，还怕流汗。

有一天，她站在磅秤上，低头看见磅秤上指针停在70公斤，大吃一惊。那天她狠下心，一整天只吃一点点东西，油盐甜腻皆不敢入口。然后，马上到体育用品店去，购买了全套的运动衣裤还有鞋袜，接着立刻像拼命殷地又跑又跳。从第二天开始，她实行少吃多运动的生活习惯。

大家都以为这一次她肯定是减肥成功了。因为第三天，她也很有决心地进行了她的计划。

一个星期过去，她充满着信心，站上的磅秤，当她发现指针仍然固执地指着 70 公斤时，她像充满了氢气的气球被刺穿一个小针孔一般，很快地软塌下来了。

她认为自己是上当了。她觉得自己不是没尝试过，也不是没有努力过；但是却没有看到成绩。她生气了！

失望透顶的她于是就放弃减肥了。她认定自己再也没有指望恢复未婚前的苗条了。自第八天开始，绝望的她恢复以前的生活方式、大吃大喝、中午午睡、晚上早睡，运动衣裤则束之高阁。

一个人如果做事没有恒心，是任何事也做不成功的。

类似这般一暴十寒的做法，不要说减肥，无论是进行任何事都不会有成功的一天。不是说方法不对，而是行事的态度出了差错。在实现自己梦想的过程当中，年轻的女性一定要克服这种急功近利的思想，一定要能够脚踏实地，坚持不懈。记住：惟有坚持才会有效。

1987 年 3 月 30 日晚上，洛杉矶音乐中心的钱德勒大厅内灯火辉煌，座无虚席，人们期盼已久的第 59 届奥斯卡金像奖的颁奖仪式正在这里举行。在热情洋溢、激动人心的气氛中，仪式一步步地接近高潮——高潮终于来到了。主持人宣布：玛莉·马特琳在《小上帝的孩子》中有出色的表演，获得最佳女主角奖。全场立刻爆发出经久不息的雷鸣般的掌声。玛莉·马特琳在掌声和欢呼声中，一阵风似地快步走上领奖台，从上届影帝——最佳男主角奖获得者威廉·赫特手中接过奥斯卡金像。

　　手里拿着金像的玛莉·马特琳激动不已。她似乎有很多很多话要说，可是人们没有看到她的嘴动，她又把手举了起来，可不是那种向人们挥手致意的姿势，眼尖的人已经看出她是在向观众打手语，内行的人已经看明白了她的意思：说心里话，我没有准备发言。此时此刻，我要感谢电影艺术科学院，感谢全体剧组同事……

　　原来，这个奥斯卡金像奖颁奖以来最年轻的最佳女主角奖获得者，竟是一个不会说话的哑女。

　　玛莉·马特琳是一个聋哑人。玛莉·马特琳出生时是一个正常的孩子。但她在出生18个月后，被一次高烧夺去了听力和说话的能力。

　　这位聋哑女对生活充满了激情。她从小就喜欢表演。8岁时加入伊利诺州的聋哑儿童剧院，9岁时就在《盎斯魔术师》中扮演多萝西。但16岁那年，玛莉被迫离开了儿童剧院。所幸的是，她还能时常被邀请用手语表演一些聋哑角色。正是这些表演，使玛莉认识到了自己生活的价值，克服了失望心理。她利用这些演出机会，不断锻炼自己，提高演技。

　　1985年，19岁的玛莉参加了舞台剧《小上帝的孩子》的演出。她饰演的是一个次要角色。可就是这次演出，使玛莉走上了银幕。

　　女导演兰达·海恩丝决定将《小上帝的孩子》拍成电影。可是为物色女主角——萨拉的扮演者，使导演大费周折。她用了半年时间先后在美国、英国、加拿大和瑞典寻找，但竟然都没找到中意的。于是她又回到了美国，观看舞台剧《小上帝的孩子》的录像。她发现了玛莉高超的演技，决定立即启用玛莉担任影片的女主角，饰演萨拉。

玛莉扮演的萨拉，在全片中没有一句台词，全靠极富特色的眼神、表情和动作，揭示主人公矛盾复杂的内心世界——自卑和不屈、喜悦和沮丧、孤独和多情、消沉和奋斗。玛莉十分珍惜这次机会，她勤奋、严谨、认真对待每一个镜头，用自己的心去拍，因此表演得惟妙惟肖，让人拍案叫绝。

就这样，玛莉·马特琳成功了。她成为美国电影史上第一个聋哑影后。正如她自己所说的那样：我的成功，对每个人，不管是正常人，还是残疾人，都是一种激励。

如果你想成为一个自信的女人，记住：不管自身条件如何，都不能坐等和指望苍天，一切都取决于自己。只要充满坚定的信念，保持恒心，不放弃努力就有机会！

第七章

即使有公主命，也要有女王风

自强却不争强

很多女孩都想成为人群里最受欢迎的人，所以她们一直在努力成为一个女强人。其实，这样的想法是错误的。想要真正成为一个受欢迎的女人，不一定要做女强人，但是一定要做强女人。

女强人有铁人一般的工作作风，有令男人胆寒的行事手腕，有巾帼不让须眉的胆识和谋略；强女人则有明确的生活态度，有坚韧不拔的精神，有遇到困难不服输的品质。一个受欢迎的女人，不一定非要有傲然的成就，但是一定要有坚忍不拔的精神，有面对生活勇敢向前的态度。女强人希望全世界以她为荣，强女人自强却不争强，她会取得一番成绩，但是她的行为并不是为了荣耀，而是为了证明自己。

她从小就"与众不同"，因为小儿麻痹症，不要说像其他孩子那样欢快地跳跃奔跑，就连正常走路都做不到。寸步难行的她非常悲观和忧郁，当医生教她做一点运动，说这可能对她恢复健康有益时，她就像没有听到一般。随着年龄的增长，她的忧郁和自卑感越来越重，甚至，她拒绝所有人的靠近。但也有个例外，邻居家那个只有一只胳膊的老人却成为她的好伙伴。

老人是在一场战争中失去一只胳膊的，老人非常乐观，她很喜欢听老人讲故事。

这天，老人用轮椅推着她去附近的一所幼儿园，操场上孩子们动听的歌声吸引了他们。当一首歌唱完，老人说道："我们为他们鼓掌吧！"她吃惊地看着老人，问道："我的胳膊动不了，你只有一只胳膊，怎么鼓掌啊？"老人对她笑了笑，解开衬衣扣子，露出胸膛，用手掌拍起了胸膛……

那是一个初春，风中还有几分寒意，她却突然感觉自己的身体里涌动起一股暖流。老人对她笑了笑，说："只要努力，一个巴掌一样可以拍响。你一样能站起来的！"

那天晚上，她让父亲写了一张纸条，贴到墙上，上面是这样的一行字："一个巴掌也能拍响！"从那之后，她开始配合医生做运动，无论多么艰难和痛苦，她都咬牙坚持着。父母不在身边时，她就扔开支架，试着走路。蜕变是痛苦的，她坚持着，她相信自己能够像其他孩子一样行走，奔跑。她要行走，她要奔跑……

11岁时，她终于扔掉支架。她又向另一个更高的目标努力，她开始打篮球和参加田径运动。

1960年罗马奥运会女子100米跑决赛中，当她以11秒18的成绩第一个撞线后，掌声雷动，人们都站起来为她喝彩，齐声欢呼着这个美国黑人的名字：威尔玛·鲁道夫。

那一届奥运会上，威尔玛·鲁道夫成为当时世界上跑得最快的女人，她一共摘取了 3 枚金牌，也是第一个获得奥运会百米冠军的黑人女子。从"一个巴掌也能拍响"的老人那里，威尔玛·鲁道夫得到了顽强生活的启示。作为一个认真生活的强女人，威尔玛·鲁道夫是每一个聪明女孩的学习楷模。她用自己的经历提醒每一个女孩：只有坚强的人，才能克服生活中的一切困难；只有认真生活的人，才能不被生活中的磨难吓倒。

只要我们有一颗坚强的心，要做一个强女人，并不是什么困难的事。

你可以比男人做得更好

女人虽然不像男人那样有强健的体魄和刚硬的性格，在社会中也往往处于被保护者的地位，但这并不代表女人就是弱者。女人虽然柔弱，但有着男人无法比拟的韧性，以柔克刚是女人最强的武器。

姣好的容貌，并不影响行事的果断；优雅的气质，也可以作出正确的决策。女性的魅力与职业能力，并非水火不容。事实上，许多职业女性"一半是水，一半是火"，既不乏温柔、细腻和亲和力，又精明、果断和能干。她们以女性特有的气质、风采，在职场长袖善舞，赢得了事业的成功。

女人的强，不像男人那样直接表现出来，它往往会在不知不觉中渗透。女人如水，水虽柔，却能"滴水穿石"。同时，女人并非只是扮演弱者的角色，有时候她的刚强是男人比不上的，就像变成坚冰的水一般。所以，不要把女人当成天生的弱者。

对于年轻的女孩来说，人生之路才刚刚开始。

不同的选择就会有不同的结果。成为弱者，可想而知，只能一路败下去，而做强者，则会发掘出女人生命中的坚强，使女人成为生活的胜者。

女人是那可以穿越山峰、奔流到海的水。"弱者"这个词并不适合女人。对于年轻的女孩来说，开创事业虽然艰难，却并非不可能。女性有自身的很多优势，那是男性无法匹敌的。

首先，女性心细如针，且做事有条理和耐心。这种特有的个性，就是女性就业的优势。

其次，女性有一双灵巧的手。做手工活，便是女性的强项。如今，有的女性已开始注重开发自己的双手，在家中办起了手工小作坊。

最后，女性的心很柔。这种柔情使女性能在精神抚慰方面发挥特有才干，获得意想不到的良好效果。我们可以陪老人读报、谈心，对瘫痪在床的病人、失意的人进行心灵疏导等。如果年轻女孩能充分意识到这一点，再利用心理学方面的知识，积极投入工作，相信必有一番大作为。

女性的敏锐感觉、相对亲和力，还有女性的柔性，会让年轻女孩在事业起步时少很多阻力。

　　对于年轻女孩来说，我们不需要像男人一样成为一个强人，有着无可匹敌的魄力和强硬的手腕，这样做其实是在浪费我们的优势，效果也不会太好。我们只需用女人的方法在这个世界上占有一席之地即可，但前提是自主，千万不要依附男人，要开创一份属于自己的事业，自己去创造未来。

"安稳"不是女孩最好的归宿

　　平凡的女人，之所以一生无大的成就，因为她一直在追求一种安全平稳的生活，一旦得到，便想固守不求进取了。这样，她一生只会机械地工作，挣来维持温饱的薪金，然后静待死神的光临。

　　眷恋安稳的女人在开始做一件事情之前，总是会做过多的准备工作。她们认为每一项计划和行动都需要完美的准备。她们只在自己熟悉的领域搭建一个舒适的温室，将"在家靠父母，出门靠朋友"这句话彻底执行。她们不敢向陌生的领域踏出一步，对生活中不时出现的那些困难，更是不敢主动发起"进攻"，只是一躲再躲。她们认为，保持自己熟悉的现状就好，对于那些新鲜事物，还是躲远点，否则，就有可能被撞得头破血流。安稳是一个陷阱，让她们丧失了斗志和激情，她们不敢打破现有的生活方式，不敢寻求新的改变，结果在懒散之中松弛了自己的皮肤和精神。

西方有句名言："一个人的思想决定一个人的命运。"做任何事都寻求安全感，不敢挑战冒险，是对自己潜能的否定，只能使自己的潜能不断地缩小。与比同时，安全感会使你的天赋被削弱，就像疾病让人体的机能委缩、退化一般。

如果女人能够突破"安稳"这一关，尤其在二十几岁的最佳年龄开始奋斗，就可能会有很大的改观。

香奈儿这个名字是一个传奇，她从来就不是一个安于现状的人。她的名字后来成为了自然魅力的代名词。香奈儿年轻时是巴黎一家咖啡厅的"咖啡厅歌手"，在这段歌女生涯中，她结交了两名老主顾，并通过他们的资金开办了三家时装店。使她的服装进入巴黎的上流社会。

对于浮夸与矫情的上流社会，香奈儿的礼服是玛戈皇后装的翻版。香奈儿和她的服装充满了怪异，但也充满了致命的吸引力。有一次，她的长发不小心被烧去几绺，她索性拿起剪刀把长发剪成了超短发。在她走进巴黎舞剧院之后的第二天，巴黎贵妇们纷纷找到理发师给她们剪"香奈儿发型"。无论是香奈儿的香水还是香奈儿的服装，真正的魅力在它们的创造者身上。

每天晚上睡觉的时候，她唯一需要确定的是，那把心爱的剪刀是否放在床头柜上。她说："上帝知道我渴望爱情，如果非要我选择，我选择时装。"

香奈儿给女人们的忠告是："也许我会令你感到惊讶，但归根结底，我认为一个女人若想要快乐，最好不要遵从陈腐的规则。做出这种选择的女人具有英雄的勇气，虽然付出孤独的代价，但孤独能帮助女人们找到自我。忙碌起来能使你的分量加重。我很快乐，但几乎没人知道这一点。"

在她最后的日子里，她说："由种种事情来看，我的一生完全正确，我没有丈夫、孩子，但我有一堆财富。"不安于室给了香奈儿成功的灵感和动机，让香奈儿走出了"安稳"的牢笼，创造了一个经典的品牌。

每一个女人，不管你的外表是美还是丑，也不管你的心智是聪明还是愚笨，都要凭着自己的努力去过自己想要的生活，而不要被"安稳"的陷阱温柔地杀死。多一些冒险精神，做一个独立的个体，经济独立、事业有成，这样的女人永远自信快乐。

别让"贤淑"埋没你的精彩

在现实中生活中，相当一部分的女性尤其是婚后醉心于"柴米油盐"的女性，恐怕很少有人对自己在婚前婚后的巨大反差进行过思考：我为什么不见了往日的清纯？为什么不再拥有当年赏花吟月的情怀？这样的女性在结婚后是循着"男主外，女主内"的传统思维路线生活的。她们一旦结了婚，就会自觉地把绝大部分精力用于家庭，而放弃原先的梦想和进取精神。以前的女性凭着"贤淑"还能维持一个安稳牢靠的家，现代女性再固守"贤淑"，情形恐怕就没那么乐观了。

一个女人如果自愿放弃对事业的追求、自我的提升而满足于屋里屋外的生活，甘愿做男人背后的那个"伟大女人"的话，终有一天岁月的风尘会淹没她昔日的灵光，烦琐的家务会将她的高贵磨平，日复一日的操劳会让她的青春黯然失色，这时，女人的生活是否还能继续下去？

有这样一位女性，上大学时是声名远播的美女，能力出众。她的丈夫当年"过五关，斩六将"，好不容易才把她追到手，两人从此出双入对。后来两人结婚了，婚后她承担了家里所有的家务活，全心全意支持丈夫的事业。有一次她发现自己意外怀孕后，为了不影响丈夫的事业，她一个人去医院做了流产手术。结果由于身体过度虚弱，她昏倒在医院走廊上。

十几年过去了，丈夫的事业越来越好，35 岁那年，他当上了国内某知名公司的高层管理人。她想这下好了，自己的心血没有白费，该为自己的兴趣爱好腾点时间了。正当她心满意足的时候，丈夫却要求离婚，说自己早就不爱她了。

很长一段时间，她整天以泪洗面，甚至连死的心都有。她这么辛苦地操持这个家，从来都不是为了"夫荣妻贵"的美景，她只想让他知道自己有多么爱他，让他因为得到了这个好女人而高兴。她付出了一切，他怎能这样薄情寡义？

这就是现代社会一些女性的血泪经历。看看如今居高不下的离婚率，其中有不少女人是起早贪黑、任劳任怨的好女人。她们不仅要"主内"，还要"兼外"，既要上班又要照顾家庭，还把自己辛苦所得的薪水全部用来补贴家用。她们承受着内外的双倍压力，日复一日地劳作，却换不来男人真心的感动，她们的一切付出，在男人眼里是"理所当然"。女人要"贤淑"，这是古训，是女人应该做的，女人的爱、美德、奉献、忘我在"贤淑"面前被一笔抹杀了。男人把"贤淑"当成女人的天职，他们认为是自己在支撑着整个家庭，女人没有他活不了，是他的"主外"成就了女人"主内"的"闲职"。

这就是女人"贤淑"所换来的后果。贤淑一度被赞誉为美德，可懂得欣赏这种美德的男人有多少？懂得珍惜这种美德的男人又有多少？

贤淑是自古以来中国男子对女子的"殷殷期盼"，今天看来，其实就是给女人套了一个"愚民"的枷锁！女人在"贤淑"里挣扎着，男人在"贤淑"外享受着，这难道就是女人"贤淑"之后想要得到的？

我们不是说"贤淑"不好，而是说在这个喧嚣浮躁、不懂感恩的社会中，女人要学会为自己着想，与其辛辛苦苦换来肝肠寸断的结局，不如放开手脚创造自己的精彩。

"狠女孩"才能主宰自我

有人说，女人应对自己"狠"一点，因为"狠女孩"才有福。因为"狠女孩"知道在得失中作出选择，她们敢爱敢恨、敢作敢为。即使要承担许多的痛苦，为了朝着自己的目标前进，她们毫不犹豫，狠下心来去做 直至达到自己的目标。

她从名校毕业后被分配到一个让人们眼红的政府机关，干着一份惬意的工作。

好景不长，她开始陷入苦闷，原来她的工作虽轻松，但与所学专业毫无关系。她想辞职出去闯一闯，外面的世界很精彩，但风险太大。她将自己的困惑告诉了她最敬重的一位长者。长者一笑，给她讲了一个故事：

一个农民在山里打柴时，拾到一只样子怪怪的鸟。那只怪鸟和刚满月的小鸡一样大小，还不会飞，农民就把这只怪鸟带回家给小女儿玩耍。

调皮的小女儿玩够了，便将怪鸟放在小鸡群里充当小鸡，让母鸡养育。

怪鸟长大后，人们发现它竟是一只鹰，他们担心鹰再长大一些会吃鸡。那只鹰却和鸡相处得很和睦，只是当鹰出于本能飞上天空再向地面俯冲时，鸡群会产生恐慌和骚乱。渐渐地，人们越来越不满，如果哪家丢了鸡，便会首先怀疑那只鹰——要知道鹰终归是鹰，生来是要吃鸡的。大家一致强烈要求：要么杀了那只鹰，要么将它放生，让它永远也别回来。因为和鹰有了感情，这一家人决定将鹰放生。

谁知，他们把鹰带到很远的地方放生，过不了几天那只鹰又飞回来了。他们驱赶它不让它进家门，他们甚至将它打得遍体鳞伤，都无法成功。

后来村里的一位老人说："把鹰交给我吧，我会让它永远不再回来。"老人将鹰带到附近一个最陡峭的悬崖绝壁旁，然后将鹰狠狠向悬崖下的深涧扔去。那只鹰开始如石头般向下坠去，然而快要到涧底时，它终于展开双翅托住了身体，开始缓缓滑翔，最后轻轻拍了拍翅膀，飞向蔚蓝的天空。它越飞越自由舒展，越飞越高，越飞越远，渐渐变成了一个小黑点，飞出了人们的视野，再也没有回来。

听了长者的故事，年轻的女孩似有所悟。几天后，她辞去了公职，在社会上打拼，终有所成。

面对安逸的工作环境，年轻的女孩坚定地选择了自己的道路，这就是"狠女孩"的作为。

在面临选择的时候，如果已经拥有了不错的条件，很多女孩都是不愿意舍弃的。"狠女孩"是不一样的，她们有自己的主见，并且不会被眼前的利益所迷惑。即使所选择的道路上充满了荆棘，她们也会毅然决然地走下去。

由此可见，"狠女孩"才能主宰自己的命运，聪明的女孩应该勇敢地做一个"狠女孩"。

不可能一辈子都生活在青春的短暂时光里

年轻的女孩有一个明显的分界点：一部分人喜欢了解外面的世界，她们渴望成长，渴望成熟，渴望在未来的世界里闯出自己的一片天。还有一部分人，她们讨厌市侩，讨厌名利，讨厌金钱的世俗味道，未来的世界是什么样子的，她们不知道，也不想知道。

后者就是人们常说的"天真一族"，她们生活在自己的精神领域里，以自卫的姿态排斥着这个庸俗的世界。她们的想法是美好的，但是，任何人都没有办法阻止时光的演变，都无法拒绝自己渐渐老去的事实。你不可能做一辈子的天真少女，不可能一辈子活在青春的短暂时光里，只有尽早了解外面的世界，你才能迅速成长，学会生活。青春容不得我们等待，不积极争取，就是在蹉跎岁月。

安妮是大学里艺术团的歌剧演员。在一次校际演讲比赛中，她讲述了自己的梦想：大学毕业后，先去欧洲旅游一年，然后去纽约百老汇发展，成为一名优秀的主角。当天下午，安妮的老师找到她，尖锐地问："你今天去百老汇跟毕业后去有什么差别？"安妮仔细一想："是呀，大学生活并不能帮我争取到去百老汇工作的机会。"于是，安妮决定下学期就去百老汇闯荡。

老师紧追不舍地问："你下学期去跟今天去，有什么不一样？"安妮说："好，给我一个星期的时间准备一下，我就出发。"老师步步紧逼："所有的生活用品在百老汇都能买到，你一个星期以后去和今天去有什么差别？"

安妮下定决心说："好，我明天就去。"老师赞许地点点头。第二天，安妮就来到百老汇。当时，百老汇的一位制片人正在筹备一部歌剧，几百人前去应征。按照当时的应聘步骤，先挑出10个左右的候选人，然后，让他们每人按剧本的要求演绎一段主角的对白。这意味着要经过两轮百里挑一的艰苦角逐才能胜出。安妮到了纽约后，费尽周折从一个化妆师手里要到了剧本。这以后的两天中，安妮闭门苦读，认真演练。正式面试那天，安妮表演得惟妙惟肖，制片人惊呆了，他马上通知工作人员结束面试，主角非安妮莫属。就这样，安妮顺利进入百老汇，穿上了她人生中的第一双红舞鞋。青春易逝，我们必须学会把握。即使有再多的不舍，也要学会成长。年轻的女孩正处于事业、婚姻、价值观逐步确立的重要时期，如果这个时候委靡不前，那么，以后的道路无疑会走得很艰辛。

与其被生活牵着鼻子走，为那些渐渐失去的天真岁月而暗自流泪，不如扬起你的青春笑脸，学会世俗，理解现实，并积极开创自己的幸福人生。等到你渐渐适应了新的生活方式，你会发现，原来幸福的含义不是只有天真一种，而是很多种元素堆积起来的满足感、成就感。

想要什么，就要自己去争取

许多女人习惯于压抑自己的个性，她们将内心的需要藏得很深，明明很想要，或者很在意，却总是装作一副无所谓的样子，致使自己错过了很多的机会。可以说，这样的性格不是一朝一夕形成的，但是习惯于以这种方式生存的女人，常常会错过自己的幸福。所以，聪明的女人，想要什么就大胆地喊出来，并且努力实现自己的目标。只有这样，我们才能达成自己的心愿，过上自己想要的生活。

罗马纳·巴纽埃洛斯是一位年轻的墨西哥姑娘，16 岁就结婚了。在两年当中她生了两个儿子，之后丈夫离家出走，罗马纳只好独自支撑家庭。但是，她决心谋求一种令她自己及两个儿子感到体面和自豪的生活。

她带着一块普通披巾包起全部财产，跨过里奥兰德河，在得克萨斯州的埃尔帕索安顿下来。她在一家洗衣店工作，一天仅赚1 美元，但她从没忘记自己的梦想，她要摆脱贫困，过上受人尊敬的生活。于是，口袋里只有 7 美元的她，带着两个儿子乘公共汽车来到洛杉矶寻求更好的发展。

她开始做洗碗的工作，后来找到什么活就做什么，拼命攒钱。直到存了 400 美元后，便和她的姨母共同买下一家拥有一台烙饼机及一台烙小玉米饼机的店。

她与姨母共同制作的玉米饼非常成功，后来还开了几家分店。直到最后，姨母感觉到工作太辛苦了，便把股份卖给她。

不久，她经营的小玉米饼店成为美国最大的墨西哥食品批发商，拥有员工 300 多人。在她和两个儿子经济上有了保障之后，这位勇敢的年轻妇女便将精力转移到提高美籍墨西哥同胞的地位上。

"我们需要自己的银行。"她想。后来她便和许多朋友在东洛杉矶创建了"泛美国民银行"。这家银行主要是为美籍墨西哥人所居住的社区服务。后来，银行资产已增长到 2200 多万美元，这位年轻妇女的成功确实得之不易。

起初，抱有消极思想的专家们告诉她："不要做这种事。"他们说："美籍墨西哥人不能创办自己的银行，你们没有资格创办一家银行，同时永远不会成功。"

"我行，而且一定要成功。"她平静地回答。结果她梦想成真了。

她与伙伴们在一个小拖车里创办起他们的银行。可是，到社区销售股票时却遇到另外一个麻烦，因为人们对他们毫无信心，她向人们兜售股票时遭到拒绝。

他们问道："你怎么可能办得起银行呢？我们已经努力了十几年，总是失败，你知道吗？墨西哥人不是银行家呀！"

但是，她始终不愿放弃自己的梦想，始终努力不懈。如今，这家银行取得伟大成功的故事在东洛杉矶已经传为佳话。后来她的签名出现在无数的美国货币上，她由此成为美国第三十四任财政部长。

通过上面这个故事，我们可以看出，在女人成就梦想的路上，总是会遇到很多的困难，也经常会有人提出异议。可是，只要我们勇敢地喊出自己的目标，并且拿出勇气应对一切困难和挫折，那么我们就能摆脱一切困难，实现自己的目标。

当然，社会的发展还没能让我们摆脱"淑女"的枷锁，女人像男人一样在社会上打拼，也常常会得到身边人的不解。但是，周围的一切不过是社会给予女人的"精神监牢"，只有勇敢地打破它，女人才能获得自由和快乐。

公主也不能染上"公主病"

得了"公主病"的女人，自信心过盛，要求获得公主般待遇。患公主病者多数是未婚年轻女性，自我陶醉、自以为是，动不动就在别人面前标榜自己，"王婆卖瓜，自卖自夸"，尤其在取得了一点成绩或者有着别人没有的优势后更喜欢卖弄、炫耀，似乎要"无人不知，无人不晓"。殊不知，你越张扬别人越不买账，你越卖弄，后果可能越不堪设想。中国有句古话叫："显眼的花草易遭摧折。"说的是，越卓然出众的人（或事物）越容易遭到破坏。一个声名显赫的人物，越张扬越容易遭人算计；一个人越爱自吹自擂，越容易让人看扁。所以，即使是公主，也不要染上公主病。只有那些能够收敛锋芒、平和待人、放低自己、抬高别人的人，才能够受到别人的尊重。这方面，何晶堪称典范。

何晶是新加坡总理李显龙的夫人，她是一位精明能干却始终保持低调，尤其不愿被媒体曝光的商业女强人。

在美国《财富》杂志首次选出亚洲25位最具影响力的企业家排行榜上，何晶排名第18位，与索尼集团行政总裁出井伸之、日本丰田汽车社长张富士夫及香港富商李嘉诚齐名。只是当时并没有多少人将她与李显龙联系在一起。

身为新加坡官方最重要的投资控股公司——淡马锡控股公司执行董事的何晶，目前掌管着新加坡遍布全球各地的数百亿美元资产。淡马锡控股公司成立于1974年，辖下大型企业包括新加坡航空公司、新加坡电信、新加坡发展银行等。

她在一次接受媒体的采访时曾说："我和他（李显龙）时常意见相左，但我们在这些问题上常作有益的辩论。李显龙（当时）虽然是财政部长，但他不能作任何片面决策，他只是一个团队的一分子而已。"

做女孩谦虚一些好，"我不太明白""我没有理解你的意思""请再说一遍"之类谦恭的言语，会使对方觉得你富有涵养和人情味，真诚可亲。

越是有成就的人，态度越谦虚，相反，只有那些浅薄自大的人才会骄傲。为此，列夫·托尔斯泰做了一个很有意义的比喻："一个人就好像是一个分数，他的实际才能好比分子，而他对自己的估价好比分母，分母越大，则分数的值越小。"

如果你在和别人交往时，表现出一种谦虚的精神，让他谈自己的得意之处，或者称赞他的得意之处，他就会对你产生好感，与你成为好朋友。

既要有深度，也要有弧度

有人曾经说过这样一段话："男人不需要有深度的女人，需要有弧度的女人。女人，如果不性感，就要感性；如果不感性，那要理性；如果不理性，就要有自知之明；如果一样都没有，那会很不幸……"对于这种观点，我们不能苟同，女人要感性也要理性，感性与理性完美交融才是最有魅力的女性。

林徽因是一个美丽而又智慧的女人，她不仅具有诗人的浪漫与灵性，也拥有建筑家的理智和严谨务实的性格，理性的才思和激情的潜流在她心底合二为一、水乳交融。对于爱情，林徽因同样能够在理性与感性间拿捏分寸，游刃有余。林徽因少女时代与徐志摩有过一段情谊。徐志摩的爱是奔放的、热情的，他用诗人的激情向她献上爱慕之心。

但林徽因最终并未选择徐志摩，而是嫁给了梁思成。林徽因的选择是正确的。林徽因与梁思成不仅有感情基础，同时，又有兴趣和专业上的共鸣，他们是志同道合、情投意合的理想伴侣。梁思成的爱不似徐志摩般热烈狂放，而是如涓涓细流，缓慢但悠长。

理性与感性的光芒在林徽因身上交相辉映着，她的才思敏捷空灵，头脑冷静，遇事懂得权衡利弊，因此她的情感历程不像许多同时代的女作家那样命途多舛，作为女人，她的理性帮她摆脱了女性千百年来的视野局限，她能够放眼世界，用聪慧的头脑吸纳人类文明的种种精华，与人高谈阔论，论道人生。她又不似通常意义上的女强人那样，自命不凡、板着面孔说教，给人一副铁石心肠、麻木不仁的感觉。林徽因坚强而不失温婉，没有咄咄逼人的气势。她对人是体贴、理解和尊重的，用"善解人意"一词来形容她再合适不过了。

很多女性不是太感性就是太理性。太感性的女人容易感情用事，不该爱的男人你越阻止她越锲而不舍，结果烈火焚心、痛不欲生，到最后，满腔热血付诸东流，梦想现实南辕北辙。太过理性的女人淡漠如寒冰，别人的生老病死不关她的事，别人的爱恨离别根本不入她的眼，你若说她冷血，她振振有词地白你一眼："生老病死本是人之常情，何必为此悲悲戚戚！"

女人，只有理性的深度和只有感性的弧度都不完美，只有感性与理性交相辉映，才是饱满圆融、生动真实的女人。

第八章

用真实做事，
以真诚处世

没有原则之争的事情，"糊涂"为上

真正的聪明女人应该是大智若愚的代表，在该聪明的时候聪明，该装糊涂的时候糊涂，尤其是在没有原则之争的事情上，"糊涂"为上。糊涂是一种境界，是女人的生存智慧。在一些关键场合，在没有违背原则的情况下，偶尔装装糊涂，也会有意想不到的效果。下面这个例子就值得我们借鉴。

日本某公司与美国某公司进行一次重大技术协作谈判。谈判伊始，美方首席代表便拿着各技术数据、谈判项目、开销费用等一大堆材料，滔滔不绝地发表本公司的意见，完全没有顾及到日本公司代表的反应。这时，日本公司代表一言不发，只是在仔细地听、认真地记。

美方讲了几个小时之后，终于开始想起要征询一下日本公司代表的意见。不料，日本公司的代表似乎已被美方咄咄逼人的气势所慑服，只会反反复复地说"我们不明白""我们没做好准备""我们事先也未搞技术数据""请给我们一些时间回去准备一下"。第一轮谈判就在这不明不白中结束了。

几个月以后，第二轮谈判开始。日本公司似乎因认为上次谈判团不称职，所以予以全部更换。新的谈判团来到美国，美方只得重述第一轮谈判的内容。不料结果竟与第一轮谈判一模一样，由日方对谈判项目"准备不足'，日本公司又以再研究为名，毫无成效地结束了谈判。

经过两轮谈判后，日本公司又如法炮制了第三轮谈判。在第三轮谈判不明不白地结束时，美国公司的老板不禁大为恼火，认为日本人在这个项目上没有诚意，轻视本公司的技术和基础，于是下了最后通牒：如果半年后日本公司依然如此，两公司间的协定将被迫取消。随后，美国公司解散了谈判团，封闭了所有资料，坐等半年以后的最终谈判。

万万没有料到的是，仅仅过了8天，日本公司即派出由前几批谈判团的首要人物组成的谈判团队飞抵美国。美国公司在惊愕之中只好仓促上阵，匆忙将原来的谈判成员从各地找回来，再一次坐到谈判桌前。

这次谈判，日本人一反常态，他们带来了大量可靠的资料、数据，对技术、合作分配、人员、物品等一切有关事项甚至所有细节都做了相当精细的策划，并将精美的协议书拟定稿交给美方代表签字。美国人立马傻了眼，一时又找不出任何漏洞，最后只得勉强签字。不用说，由日本人拟定的协议对日方公司极为有利。

在美日的谈判较量中，日本人巧装糊涂，以韬光养晦的谋略获得了最终的胜利。其实作为一种谋略，"糊涂"能在商场上取得出奇制胜的效果。女性要想成事就要懂得利用这一点。

女人的糊涂之道更体现在日常的工作生活上，因为女人敏感，对一些事不会轻易地睁一只眼闭一只眼，凡事总要弄个明明白白才行。但现实生活中，如果凡事都斤斤计较，凡事都要弄个清清楚楚，长此以往，做事就会很累，就会深陷烦恼中而无法自拔。与其焦头烂额、身心疲惫，还不如用一种难得糊涂的态度来面对。万事以"和"为贵，对看不惯、看不顺眼的事，有时也要糊涂应对。

　　素妍最近就非常痛苦，因为她总是清醒地看到上司的不良习惯，虽然她一遍又一遍对自己说，出污泥而不染更好，再说人无完人。但却也常常对有些事不能释怀，对于刚走出校园不久的她而言，她更希望办公室是个没有瑕疵的地方。

　　终于有一天她走进了人事部递交了辞职信，对于原因她简单地告诉主管：价值观念有所不同。主管被她的辞职理由搞懵了，特地找她谈心，她也就一吐而快。人事主管没有挽留她，但却像朋友一样告诉她，这样的事情这样的人每个公司都有，有时糊涂就是最好的聪明。这下轮到素妍不明白，难道在职场就没有了是非观念了吗？后来她又换过几份工作，等到岁月的思考像痕迹一样留在她额头时，她才明白办公室里的是非原则是因公司而异，因人而异的。

　　只看光明，只看积极；放弃黑暗和消极。睁开的那只眼是为了管好自己的言行举止；闭着的那只眼是为了给自己养精蓄锐。与其抱怨，不如放弃抱怨的根源。此时，看上去的糊涂就是最好的聪明！

不要时时去争口头上的胜利

生活中有一类女人，她们反应快、口才好、心思细腻，在生活或工作中和人有利益或意见的冲突时，往往能充分发挥辩才，把对方辩得脸红脖子粗，哑口无言。其实，这是种没"心机"的表现。口头上的赢不能叫赢，与人针锋相对，无论你说得多么精彩，也很难让对方心服口服。即使你胜了，其实也败了。

而且那种时时争取口头上胜利的女人，渐渐地会形成一种习惯：不管自己有理无理，她绝不会认输，而且也不会输，因为她有本事抓你语言上的漏洞，让你毫无招架之力。

毫无意义的争论能给当事人带来什么好处呢？答案是什么好处都没有。而且你会失去一位朋友或顾客，增加一个敌人和一份愤怒的心情，不会有人因此而大赞你知识渊博与能言善辩，因为真正能言善辩的人懂得如何让人心悦诚服。"会说话"而不是"会吵架"的人才是说话高手。

戴尔·卡耐基在第二次世界大战结束后不久参加了一场宴会。站在戴尔·卡耐基左边的一个先生讲了一个幽默故事，然后在结尾的时候引用了一句话，意思是：此地无银三百两。那位先生还特意指出这是《圣经》上说的。卡耐基一听就知道他错了。他看过这句话，不是在《圣经》上，而是在莎士比亚的书中，他前几天还翻阅过，他敢肯定这位先生一定是搞错了。于是他纠正那位先生说，这句话是出自莎士比亚的书。

"什么？出自莎士比亚的书？不可能！绝对不可能！先生你一定弄错了，我前几天才特意翻了《圣经》的那一段，我敢打赌，我说的是正确的，一定是出自《圣经》！如果你不相信，我可以把那一段背出来让你听听，怎么样？"那位先生听了卡耐基的反驳，马上说了一大堆话。

卡耐基正想继续反驳，忽然想起自己的老友——维克多·里诺在右边坐着。维克多·里诺是研究莎士比亚的专家，卡耐基想他一定会证明自己的话是对的，于是转向他说："维克多，你说说，是不是莎士比亚说的这句话。"维克多盯着卡耐基说："戴尔，是你搞错了，这位先生是正确的，《圣经》上确实有这句话。"随即，卡耐基感到维克多在桌下踢了自己一脚。他大惑不解，但出于礼貌，他向那位先生道了歉。

回家的路上，满腹疑问的卡耐基埋怨维克多："你明知那本来就是莎士比亚说的，你还帮着他说话，真不够朋友。还让我不得不向他道歉，真是颠倒黑白了。"维克多一听，笑了："《李尔王》第二幕第一场上有这句话。但是我可爱的戴尔，我们只是参加宴会的客人，而且你知道吗，那个人也是一位有名的学者，为什么要我去证明他是错的？你以为证明了你是对的，那些人和那位先生会喜欢你，认为你学识渊博吗？不，绝不会。为什么不保留他的颜面呢？为什么要让他下不了台呢？他并不需要你的意见，为什么要和他抬杠？记住，永远不要和别人正面冲突。"

只要我们稍微冷静地想一想，就会发现大多争论的结果是，没有一个人是胜利者。争论既不能为双方带来快乐，也不能带来彼此间的尊重和理解，更不能证明谁是真理的掌握者。争论所能带给我们的只是心理上的烦躁、彼此的怨恨与误解，甚至让你多一个敌人。

争吵发生的时候，骤然升温的情绪之火灼烧你的头脑，使你烦闷、愤怒，甚至让你想与对方硬拼一场。对方的强词夺理、唾沫横飞令你愤恨不已，而在对方眼里，你又何尝不是同样可恶的形象？当不断升温的情绪之火达到足以烧毁你仅存的一点理智的时候，一股难以抑制的仇恨之火便由心底升起。这就足以解释为什么口角之争会发展到大动干戈的地步。然而这样显然是大错特错，因为一场毫无意义的争论并不能让他人从心底里佩服你。口头上的胜利也许有一时之快，却往往招致别人长时间的不满，聪明的女人不会去做这样得不偿失的事，嘴上"软"一点，就能多一个朋友。

环境所迫时，适时吃点"眼前亏"

性格直率的女人遇到不利的环境时，总喜欢硬碰硬，其实这并不是什么好事。有时候不妨吃点亏，这样反而有利于以后更好的发展。

总之，女人凡事多留一点心眼，多一点远见，有时候因环境所迫，我们必须适时吃点"眼前亏"，否则可能要吃更大的亏，下面的小故事就值得我们深思。

一天，狮子建议 9 只野狗同它一起合作猎食。它们打了一整天的猎，一共逮了 10 只羚羊。狮子说："我们得去找个英明的人，来给我们分配这顿美餐。"

一只野狗说："一对一就很公平。"狮子很生气，立即把它打昏在地。

其他野狗都吓坏了，其中一只野狗鼓足勇气对狮子说："不！不！我的兄弟说错了，如果我们给您 9 只羚羊，那您和羚羊加起来就是 10 只，而我们加上一只羚羊也是 10 只，这样我们就都是 10 只了。"

狮子满意了，说道："你是怎么想出这个分配妙法的？"野狗答道："当您冲向我的兄弟，把它打昏时，我就立刻增长了这点儿智慧。"

自古以来就有"好汉不吃眼前亏"的说法。其实，在很多时候，略吃小亏，恭顺谦让，反而能得到更多的好处。

东汉永元七年（公元 95 年）邓绥被选入宫，成为和帝的贵人。入宫后邓绥得到和帝越来越多的宠爱，她不但没有骄傲，反而更加谦卑。她知道皇后的脾气，也隐隐约约感到皇后对她的忌恨，所以对皇后更加谦恭。每次皇帝举行宴会，别的妃嫔贵人都竞相打扮，服装艳丽，独有邓绥身穿素服，丝毫没有装饰。当她发现自己所穿的衣服颜色有时与皇后相同时，立即就会更换；若与皇后同时觐见，从不敢正坐。和帝每次提问，邓绥总是让皇后先说，从不抢她的话头。

邓绥以自己的谦恭进一步赢得了和帝的好感，也反衬出皇后的骄横。面对邓绥的一天天得宠，而自己一天天失宠，皇后十分恼怒。永元十四年（公元102年），皇后用巫蛊之术，企图置邓绥于死地，不料阴谋败露，皇后被打入冷宫，后忧愤而死。

皇后死后，和帝想立邓绥为新皇后，邓绥知道后，自称有病，深处宫中不露，以示辞让。这下反而坚定了和帝立邓绥为后的决心，他说："皇后之尊，与朕同体，上承宗庙，下为天下之母，只有邓贵人这样有德之人才可承当。"永元十四年（公元102年）冬，邓绥终于被立为皇后。

邓绥以谦让的态度赢得和帝的宠爱，当上了皇后。正是由于她吃得眼前之亏，有容人的气度，结果更加得宠，从中我们不难看出谦让为怀者的智慧。

当一个人实力微弱、处境困难的时候，也就是最容易受到打击和欺侮的时候。在这种情况下，人们的抗争力最差，如果能避开大劫就算很幸运了。假如此时面对他人过分的"待遇"，最好是"退一步海阔天空"，先吃一下眼前亏，立足于"留得青山在，不怕没柴烧"，用"卧薪尝胆，待机而动"作为忍耐与发奋的动力。

所以，当你在人性的丛林中碰到对你不利的环境时，千万别逞一时之勇，也千万别认为"可杀不可辱"，宁可吃吃眼前亏。

有理时也要让人三分

在生活中有些女人会因为一件芝麻大的小事就没完没了，得理不让人，有理也要辩三分。这是非常不明智的，过于"讲理"，并不能为自己赢得什么好感。苏格拉底曾经说过："一颗完全理智的心，就像是一把锋利的刀，会割伤使用它的人。"在这个世界上，没有完全绝对的事情，凡事都有两面性。这就告诫我们做人做事都不要太绝对，要给自己和他人留有余地，睿智的女人更是深刻地洞悉其中的道理。

在一个春天的早晨，房太太发现有三个人在后院里东张西望，她便毫不犹豫地拨通了报警电话，就在小偷被押上警车的一瞬间，房太太发现他们都还是孩子，最小的仅有14岁！他们本应该被判半年监禁，房太太认为不该将他们关进监狱，便向法官求情："法官大人，我请求您，让他们为我做半年的劳动作为对他们的惩罚吧。"

经过房太太的再三请求，法官最后终于答应了她。房太太把他们领到了自己家里，像对待自己的孩子一样热情地对待他们，和他们一起劳动，一起生活，还给他们讲做人的道理。半年后，三个孩子不仅学会了各种技能，而且个个身强体壮，他们已不愿离开房太太了。房太太说："你们应该有更大的作为，而不是待在这儿，记住，孩子们，任何时候都要靠自己的智慧和双手吃饭。"

许多年后，三个孩子中一个成了一家工厂的主人，一个成了一家大公司的主管，而另一个则成了大学教授。每年的春天，他们都会从不同的地方赶来，与房太太相聚在一起。

"人活一口气，佛争一炷香。"这是一个人在被人排挤，或者被人欺侮时，经常说的一句"争气"的话。在生活中，我们不如"得饶人处且饶人"，让他三分又何妨。

其实，世界上的理怎么可能都让某一个人占尽了？所谓"有理""得理"在很多情况下也只是相对而言的。凡事皆有一个度，过了这个度就会走向反面，"得理不让人"就有可能变主动为被动。如果能得理且让人，就更能体现出一个人的气量与水平。给对手或敌人一个台阶下，往往能赢得对方的真心尊重。

一个人不仅要自己胸怀宽广，更要懂得尊重别人。一个人如果损失了金钱，还可以再赚回来；一旦自尊心受到伤害，就不是那么容易弥补的。"得理且让人"就是要照顾他人的自尊，避免因伤害别人的自尊而为自己树敌。

得理让三分，得饶人处且饶人，其实都是要我们学会忍让和宽容。但说起来简单，做起来却并不容易，因为任何忍让和宽容都是要付出代价的。人的一生谁都会碰到个人利益受到别人有意或无意的侵害的时候，为了给自己的未来营造和谐的生活环境，就要在生活中多几分忍让和宽容。即使有时候自己的利益受到了潜在的威胁，也要抵御心中的愤怒，用宽容和大度来化解心中的怨恨。如果这样，自己的未来就少几分危机，多几分平和，何乐而不为？

精明不必写在脸上

生活中，那些爱表现的女人，也许容易让人察觉她的聪明，也容易让人看出她性格的缺点。内敛的聪明反而更容易让人接受。锋芒太露易遭嫉恨，更容易树敌，藏巧守拙才是长远之道，女性们尤其要懂得这一点。有时，女人的美丽在于适时的"笨"，并不是说聪明的女人不招人喜欢，而是告诫女人，不要处处表现得太聪明，自大、自满、自我标榜只会惹来祸端。真正的聪明人，永远知道自己的缺点。

《红楼梦》中的王熙凤就给了我们一个深刻的教训：聪明反被聪明误。

王熙凤何等的冰雪聪明，简直就是女人中的精品，恐怕这世上有很多男人都不及她。她八面玲珑、九面处世、外柔内刚；她笑里藏刀表面向你微笑，心里却在给你下套子。

王熙凤的能耐大得能登天，整个荣宁两府在她的整治下服服帖帖。可王熙凤却是一个精明过头的女人，精明到处处好强、事事争胜，哪儿都落不下她，终于落到"聪明反被聪明误，反送了卿卿性命"。

红学家们感慨这样一个精明能干的女人最终结局如此悲惨。她聪明一世，竟没有看透人生的处世哲学——难得糊涂。她被她的聪明、她的锋芒毕露给害了。

有智慧的人并不喜欢显露自己，因为过于显山露水只会让智慧发挥它的副作用，导致"聪明反被聪明误"的后果。为人处世是女人必须学会的，给人留下聪明的印象很重要，但要记得把握尺度，内敛而不拘谨，有内涵但不做作，才是真正聪明的标准。所以真正的聪明人绝不会说自己是聪明人，他们常以庸人或愚人自居，正如郑板桥"难得糊涂"一般。三毛也曾说过："我最喜欢别人将我看成傻瓜。这样与人相处起来就方便多了。"我赞成三毛的观点。在与人相处时候，做一个傻瓜，朋友反而会更多，处处都鹤立鸡群、高人一等的聪明人是难以找到真心朋友的，所以说，女人还是不要太聪明的好，或者学会装糊涂。

听懂那些"弦外之音"

听弦外之音，辨言外之意是每个女人在沟通中的必备本领。在许多情况下，我们不仅要听清其"话"而且更应听清其言外之意。人们沟通的成败往往与情商的高低有直接关系，一个不会听

"弦外之音"的女人，一般也不是个沟通高手。

沈万三是明朝初年江苏昆山一带有名的大富翁。沈万三竭力向刚刚建立的明王朝表示自己的忠诚，拼命地向新政府输银纳粮，讨好朱元璋，想给他留个好印象。

朱元璋于是下令要沈万三出钱修金陵的城墙。沈万三负责的是从洪武门到西门一段，占金陵城墙总工程量的1/3。沈万三不仅按质量提前完了工，而且还提出由他出钱犒劳士兵。

沈万三这样做，本来也是想讨好朱元璋，但没想到弄巧成拙。朱元璋一听，当即火了，他说："朕有百万雄师，你犒劳得了吗？"沈万三没听出朱元璋的弦外之音，说："即使如此，我依旧可以犒赏每位将士银子一两。"

朱元璋听了大吃一惊。在与张士诚、陈友谅、方国珍等武装割据集团争夺天下时，朱元璋就曾经由于江南豪富支持敌对势力而吃尽苦头。现在虽已建国，但国强不如民富，这使朱元璋感到无法忍受。如今沈万三竟然僭越，想代天子犒赏三军，这使朱元璋火冒三丈。但他没马上表露出怒意，只是沉默了一下，冷言道："军队朕自会犒赏，这事你就不必操心了。"朱元璋决意治治沈万三的骄横之气。

一天，沈万三又来大献殷勤，朱元璋给了他一文钱。朱元璋说："这一文钱是朕的本钱，你给我去放债。只以一个月作为期限，第二日起至第30日止，每天取一对合。"

所谓"对合"是指利息与本钱相等。也就是说，朱元璋要求每天利息为百分之百，而且是利滚利。沈万三心想，这有何难！第二天本利 2 文，第三天 4 文，第四天才 8 文。区区小数，何足挂齿？于是沈非常高兴地接受了任务。可是，他回家仔细一算，不由得傻眼了，虽然到第十天本利总共也不过 512 文，可到第 20 天就变成了 524288 文，而到第 30 天也就是最后一天，竟高达 536870912 文。要交出 5 亿多文钱，沈万三只能倾家荡产了。后来，朱元璋下令将沈万三庞大的财产全部抄没后，又下旨将沈万三全家流放到云南边地。

沈万三的悲剧恰恰是由他听不懂皇帝言外之意的结果，一味地奉承，但显然马屁拍错了地方，而且也没能领会朱元璋的意思，最后只有败北。

听得懂"弦外之音"是聪明的女人为人处世的必要本领，也是交往必备的技能，更是我们情商的体现，因为它直接关系到我们人际关系的好坏和做事的成败。

把荣誉的蛋糕多切几块送人

有智慧的女人都明白一个道理：没有人能独自成功。在取得成就的时候，她们都会把荣誉的蛋糕多切几块送人。毕竟，成功不是仅靠单打独斗得来的，让别人分享你的荣誉，会让你取得更大的成功。反之，如果总是自己独享胜利的果实，就会让身边的人丧失合作的积极性，下面的例子就值得我们反思。

一位销售主管这个月的业绩突出，她部门的业务员销售总额超出了同级部门的两倍还多。按照公司相关规定，主管可按业绩提成，得到一笔可观的奖金。老板很为有这样一位得力的助手而高兴，也暗自庆幸自己以前没有看错人，于是决定在公司开个例会，并把她推为大家的榜样，以此激励其他员工努力工作，还在最后特意安排了这位主管做当众演讲。

这位主管在她的演讲中把自己的业绩归功于自己调配人员的技巧、处理大订单的果断和如何辛苦加班等。虽然说的这些也确实属实，她的确也是这么做的，但她唯一犯的错误就是自始至终都没提及一句感谢同事、属下之类的话。

会后，下属和同事们开玩笑要她请客庆祝，她一脸不屑地说："我得奖金，你们用得着这么开心吗？下次我会拿更多，到时再说吧……"

可是等到下个月，这位主管不仅没能再拿到奖金，甚至还因为没能完成销售任务而被扣掉了工资。更让人奇怪的是，她的下属越来越懒散，就连老板似乎也对她冷淡了许多。

由此可见，当你在工作中做出一些成绩时，千万记得别独享荣耀，否则这份荣耀会为你带来人际关系上的危机。"居功"的确可以凝聚别人羡慕的目光，可以给自己带来很大的成就感，但如果你只想独占功劳，企图让光环仅围绕自己一个人转，那就不是自私而是极度愚蠢了。"见不惯别人比自己好，更见不得别人抢自己的好"，可以说是人性的一大弱点。

独自贪功就是抢别人的好，这不仅不会给自己带来更多的好处，甚至还会引火烧身，激起公愤，最终害人害己。谨记这个忠告，你就会受益无穷。工作上有了业绩，升职了，加薪了，不妨和同事们庆祝一番，对老板说声"谢谢"，对下属的配合与支持表示真诚的感谢，甚至是那些嘲笑过你的人，也要为他们给了你前进的动力而有所感谢。回到家中，你也不要心安理得地享受可口的饭菜，拥抱一下辛苦持家的妻子和养育自己的父母，让大家都感到你内心真诚的感激，与你一并分享快乐。

假如你真的照做了，相信你会有惊奇的发现：你身边的人将扶持着你走向更高的位置。他们期待着、仰望着你的高度，希望你能给自己带来荣誉的同时，也给他们带来荣誉。你主动把"高帽子"馈赠给了别人，别人也会恭恭敬敬地维护你和支持你。

春风得意之时，勿忘反躬自省

有句话说得好："出头的椽子先烂。"这确实是客观世界中不争的事实。出头椽子，总是比不出头的椽子要承受更多的风吹雨打，日复一日，年复一年，自然也比别的椽子要腐败得早。因此，女人在风光尽显之时，若能够居安思危，用低调保护自己，实在不失为明哲保身之举。反之，若不懂得这样做，只能是将自己置于凶险的境地。

战国时期，楚怀王宠妃郑袖，才貌双绝，工于心计。当时，魏王从自己的利益出发，赠给楚怀王一个大美人，人称魏美人。她娇嫩柔美，是绝顶佳丽，把个好色的楚怀王搞得神魂颠倒。郑袖看在眼里，恨在心里，她稍加思索，一计即上心头。于是乎，她便拿出女人温和、柔顺的性情，既不同魏美人争风吃醋，也不显示一点不满的情绪，而是像个知情达理的大姐姐，非常和善地对待魏美人，事事顺着魏美人的性子，还在楚怀王面前赞美魏美人美丽。

魏美人初到楚国时还有些害怕郑袖，但是看到她待自己很好，便没了戒备之心。一日，魏美人亲昵地告诉郑袖："姐姐，在异国他乡遇到您这样的好人，真是幸运！"

"快别这么说！"郑袖安慰魏美人道，"咱们是同事一夫，本是骨肉相连的一家人，姐姐不疼爱妹妹，谁来疼爱呢？常言道：家和万事兴。我们姐妹和睦相处，才是国君的幸事，而且，妹妹能给夫君快乐，我也快乐！"

魏美人闻此言，感动得热泪盈眶，说："姐姐，以后请多多指教！"

"好说好说，今后我们姐妹和睦相处，互通一气，就不会出什么差错。"郑袖和颜悦色地回答魏美人的话。

楚怀王见这对如花似玉的宠妃和睦相处，无限欢欣，慨叹道："世人都说女人天生是醋做的，看来也不尽然。我的郑袖就不吃醋，她是真心爱我，她知道我喜欢魏美人，就主动替我照顾她、关心她，使她不思念故国，实在是贤内助啊！"

郑袖见自己的计谋已起作用，暗自高兴。一天魏美人来看郑袖，郑袖似无意地告诉魏美人："大王在我这儿说你非常称他的心，只是嫌你的鼻子略尖了点儿！"

"那可怎么办呢？姐姐！"魏美人摸摸鼻子，求秘方似的。

"这也没什么，"郑袖若无其事地说，"你以后再见到大王时，轻轻地把鼻子捂一下不就行了吗？"魏美人连称郑袖高明。

此后，魏美人每次见到楚怀王就把鼻子捂起来。楚王暗自惊奇，魏美人逢问必笑而不语。楚王便问郑袖，郑袖有意把话说个半截儿，含嗔带笑，欲言又止。楚王一直追问，郑袖便装着不情愿的样子，说道："她说她受不了您身上的那种狐臭味！"

"什么！寡人乃一国之尊，她竟敢嫌弃寡人？真乃无理！"喜怒无常的楚王大怒，一掌击在几案上，喊道："来人！快去把那贱货的鼻子割下来！"魏美人的鼻子被割掉了，既丑陋，又吓人，永远被打入冷宫。郑袖用计除去了她的情场对手，恢复了她在王宫独自受宠的地位。

正所谓"显眼的花草易招摧折"，自古才子遭嫉、美人招妒的事难道还少吗？人一旦发达了，除了自己容易得意忘形之外，同时也容易成为众人注目的焦点，被人品评，被人臧否。因此，越是春风得意之时，就越要经常反躬自省、低调做人，唯此，才能更有效地保护自己。

为他人贴金扑粉，收获人情

在社交场合中，聪明的女人不仅仅会顾及自己的面子，还会帮他人贴金扑粉。因为她们明白，人人都需要被重视、被尊重，尤其是在公共场合，尊重别人就是尊重自己。如果你不顾别人的面子，总有一天会吃苦头，因此，要做到高帽一顶顶地送。这样，既保住了别人的面子，别人也会如法炮制，给你面子，彼此心照不宣，尽兴而散。

即使是自己的对手，当自己占上风时，也需要用同理心来体谅对方的心情，不要流露出窃喜的表情，更不能表现出咄咄逼人的气势，往人家的伤口上撒盐。如果你在此时把风光占尽，其实是在给自己的未来埋下隐患。要知道，失意者也会有东山再起的时候，到那时，可能会多一个更具爆发力的对手。所以当自己胜利的时候，也莫忘给别人留面子，不仅显示你的大度，还可以收获人情，更可能会让你少一个对手，多一个朋友。

英格丽·褒曼在获得了两届奥斯卡最佳女主角奖后，又因在《东方快车谋杀案》中的精湛演技获得最佳女配角奖。然而，在她领奖时，她一再称赞与她角逐最佳女配角奖的弗伦汀娜·克蒂斯，认为真正获奖的应该是这位落选者，并由衷地说："原谅我，弗伦汀娜，我事先并没有打算获奖。"

如果褒曼对自己的获奖大肆赞扬，很有可能引起伙伴的反感和嫉妒，从而影响今后的合作。褒曼很聪明也很有气度，她没有喋喋不休地叙述自己的成就与辉煌，而是对自己的对手推崇备至，极力维护了落选对手的面子。无论谁是这位对手，都会十分感激褒曼，会认定她是倾心的朋友。

但是也有不少人为了面子的问题，可以做出常理之外的事。如果你是个不在乎面子的人，那么你肯定没有好人缘；如果你是个只顾自己面子，却不顾别人面子的人，那么你总有一天会在"面子"上吃亏。

人人都有自尊心和虚荣心。因此，为了自尊和虚荣，有些人可以吃暗亏，但就是不能吃'没有面子的亏"。如果我们想在社会交际中如鱼得水，就不能在公众场合率直地批评别人，而要用一些委婉、含蓄的方式表达自己的意思。这样，既保住了别人的面子，又为自己挣得了面子。

张小姐去朋友家吃饭。进餐时，宾主聊起了一条高速公路的修建问题。张小姐强调，公路的进度一再推迟，是有关方面的一个严重错误；而朋友则不同意，认为那条公路本来就不该建。两人你一言我一语，话赶着话，争论越来越激烈。后来那位朋友把问题扯到"很多人自私心重，没有环保意识"上面，显然是在批评张小姐。

张小姐怕再争论下去无法收场，便开始缓和下来，婉转地说："可能我们的看法永远也不会合拍，可是，那没什么大不了的，也许我们都是对的，也许我们都是错的，这也是未可知的事。"张小姐的一席话，不仅给自己搭了台阶，也顾全了朋友的面子，避免双方争论不休，扩大矛盾，影响感情。

很多时候，朋友之间发生争论，并不是不了解对方，而是有失沟通造成的。这时候争论的双方切不可以怒制怒。最好的方式是主动给自己找台阶下，设法与朋友友好地沟通，不伤害朋友的面子。

然而，遗憾的是，在生活中很多人都无法像张小姐那样，能"给人面子"，从而得罪了他人，也为自己以后的失败埋下祸根。这些人常犯的毛病是，自以为对某事有见地，自以为有口才，一遇到机会就高谈阔论，把别人批评得一无是处，却不知自己强要了"面子"，就有可能在最后失去面子。